U0822330

配电网无人机
巡检技术及应用

PEIDIANWANG WURENJI
XUNJIAN JISHU JI YINGYONG

国网浙江省电力有限公司◎编著

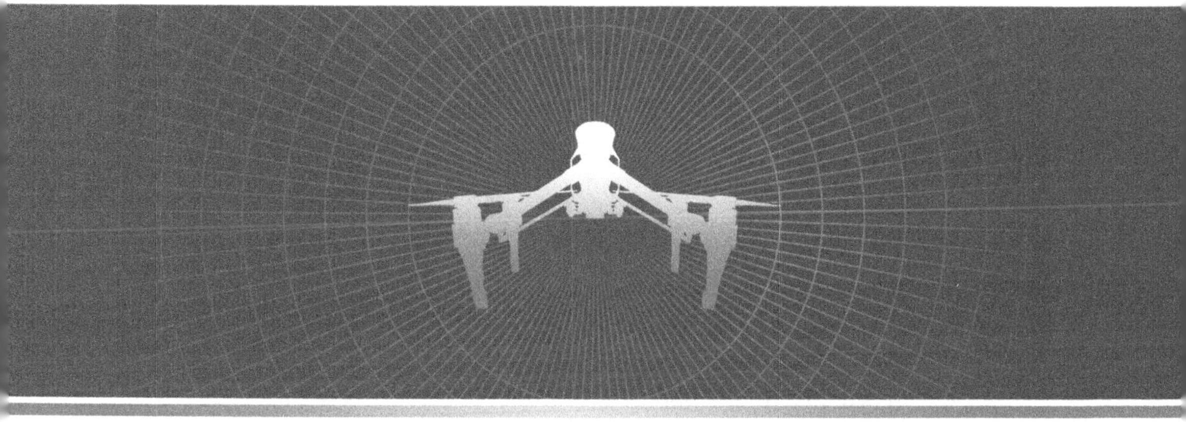

企业管理出版社
ENTERPRISE MANAGEMENT PUBLISHING HOUSE

图书在版编目（CIP）数据

配电网无人机巡检技术及应用 / 国网浙江省电力有限公司编著. -- 北京 : 企业管理出版社, 2024.9（2025.1重印）
ISBN 978-7-5164-2942-6

Ⅰ. ①配… Ⅱ. ①国… Ⅲ. ①无人驾驶飞机－应用－配电系统－巡回检测 Ⅳ. ①TM727

中国国家版本馆CIP数据核字(2023)第186418号

书　　名：配电网无人机巡检技术及应用
书　　号：ISBN 978-7-5164-2942-6
作　　者：国网浙江省电力有限公司
策　　划：蒋舒娟
责任编辑：刘玉双
出版发行：企业管理出版社
经　　销：新华书店
地　　址：北京市海淀区紫竹院南路17号　　邮　　编：100048
网　　址：http://www. emph. cn　　电子信箱：metcl @126.com
电　　话：编辑部（010）68701661　发行部（010）68701816
印　　刷：北京亿友数字印刷有限公司
版　　次：2024年9月第1版
印　　次：2025年1月第2次印刷
开　　本：700毫米 × 1000毫米　1/16
印　　张：9印张
字　　数：145千字
定　　价：58.00元

版权所有　翻印必究　·　印装有误　负责调换

编委会

主　编：马振宇　刘文灿

副主编：叶润潮　秦　政

参　编：（按音序排名）

陈佳煜　陈　琳　陈卫林　陈　悦

高旭启　胡　洁　胡哲千　李　晋

李世添　李扬帆　林　翔　刘　杨

鲁仁桃　陆斌海　闵　洁　叶克建

袁林峰　仲　赞　周华丽

前言

随着无人机技术的发展和普及，无人机在配电网运行、检修、施工中的作用越来越重要。2012 年，无人机在配电网中的应用首次被公开报道，在过去的十几年间，无人机已在配电网的运行巡视、状态检测、工程验收、安全监察等领域得到充分运用，加快了配电网智能巡检的步伐。

目前，无人机在配电网中常态化、智能化、多样化的应用缺乏系统性的指导和规范。让各单位人员尽早系统性地了解和熟悉无人机相关应用要点，加快培育新型配电网运维设备主人，对配电网的智能化建设和发展具有重要意义。

本书从配电网应用现状着手，以典型应用场景和作业模式为基础，阐述了设备、数据、安全等各方面的管理方式和典型做法。同时，为提升各电网单位无人机团队专业化管理水平，针对性编写了第 7 章“班组建设”；为更好地推动无人机在配电网的应用创新，梳理编写了有关新技术应用的内容。本书可指导无人机应用人员、管理人员、系统运维人员及其他无人机行业人员的工作，同时也可以用于新员工培训。

本书的编写参考了大量资料，并组织业内专家进行审查，编写组根据审查意见进行了多次修正。由于无人机技术发展迅速，编者水平有限，疏漏之处在所难免，恳请各位读者不吝指正。

目 录

第1章 配电网无人机应用概述

第2章 配电网无人机巡检技术

第3章 配电网无人机典型应用场景

第 4 章 配电网无人机巡检数据管理

第 5 章 配电网无人机设备管理

第6章 配电网无人机外业安全管理

第 7 章　班组建设

第 8 章　配电网无人机巡检作业模式

第 9 章　技术与应用展望

第1章
配电网无人机应用概述

1.1 配电网无人机概述

1.1.1 无人机巡检系统介绍

1.1.1.1 无人机巡检系统组成

无人机也称为“无人驾驶飞行器”，是一种能够在没有人类驾驶的情况下自主飞行的飞行器。无人机巡检系统指利用无人机技术对电力设施和设备进行安全、高效巡检和维护的系统，包括无人机分系统、任务载荷分系统和综合保障分系统。

1. 无人机分系统

无人机分系统是指无人机系统中的单个组件或模块，它们分别负责无人机的不同功能和任务。常见的无人机分系统包括飞行控制系统、导航系统、通信系统、动力系统等。这些分系统需要相互协调配合才能使无人机完成飞行、巡检等任务。

① 飞行控制系统。控制无人机飞行的核心部件，通常由主控制器、电调和舵机等部分构成，可以让无人机实现稳定的姿态控制和航向控制。

② 导航系统。用于实时定位无人机位置的系统，通常使用全球定位系统（GNSS）和惯性测量单位（IMU）等技术。

③ 通信系统。用于实现与操作员远程通信和数据传输的系统，通常包括有

线和无线电信道。

④ 动力系统。无人机保持空中飞行的必要部件，包括电池、发动机、推进器和燃料等部分。

2. 任务载荷分系统

无人机的任务载荷分系统将各种不同的任务载荷进行分配和组合，以满足不同的任务需求。

任务载荷分系统由任务设备和地面显控单元组成。任务设备包括可见光检测设备、红外检测设备、紫外检测设备、激光雷达设备、超声波及其他功能性挂载，地面显控单元包括电脑、智能手机等硬件设备。

3. 综合保障分系统

无人机综合保障分系统是一种用于无人机操作和管理的系统，包括无人机的监控、识别和控制以及维护和操作的支持设施和设备。无人机综合保障分系统可以为无人机实时提供数据和信息，优化其性能和效率，确保无人机巡检的可靠性，以实现更高水平的无人机巡检应用。无人机综合保障分系统一般由以下几个部分构成。

① 管理系统：包括无人机远程监管、维护支持、应急救援等管理模块，负责无人机的操作、维护、管理和监督。

② 维保系统：可以维修、校准和保养设备、零部件和软件系统，确保无人机高效运转并保持可靠性。

③ 数据记录和分析系统：可以收集、记录和分析飞行数据，包括传感器数据、通信数据、操作数据和应用程序数据，以便优化智能飞行策略、提高维护效率和预测零部件故障等。

④ 动力管理系统：包括电池管理、电源转换、电荷管理和电源调度等功能，以确保无人机在执行任务期间始终有足够的电力供应。

⑤ 交互系统：包括与运营商、空管、公众和传媒等各方的交互界面，以提供及时、准确的无人机信息共享和沟通保障。

⑥ 安全系统：包括飞行保险、防盗保障、无人机失事救援等安全设施，以确保无人机能够在任何情况下安全运行和完成任务。

1.1.1.2　无人机种类与典型产品

目前应用于配电网的无人机包括多旋翼无人机和固定翼无人机，主要的挂载包括可见光挂载、红外挂载、激光雷达挂载和其他功能性挂载。

1. 无人机种类

（1）多旋翼无人机

多旋翼无人机（如图 1-1 所示）是一种具有三个及以上旋翼轴的特殊的无人驾驶旋翼飞行器，多为四旋翼无人机。其依靠多个旋翼产生的升力来平衡飞行器的重力，具备垂直起降和悬停功能，在配电网应用较为广泛。

图 1-1　多旋翼无人机

（2）固定翼无人机

固定翼无人机（如图 1-2 所示）是一种通过固定翼和推进器实现飞行的无人机。它通常使用主翼和尾翼来控制和稳定飞行。与多旋翼无人机不同，它无法垂直起降和悬停，但是在一定的速度下可以更高效地飞行和覆盖更大的区域。固定翼无人机目前配电网应用较少，其搭载激光雷达可进行长距离、大范围的采集与建模。

图 1-2　固定翼无人机

2. 挂载种类

（1）可见光挂载

可见光挂载（如图 1-3 所示）是一种安装在无人机上的装备，可以通过显示器等设备实时传输高清晰度图像。可见光挂载包括可见光照相机和可见光摄像机，是无人机最基本的功能性挂载。

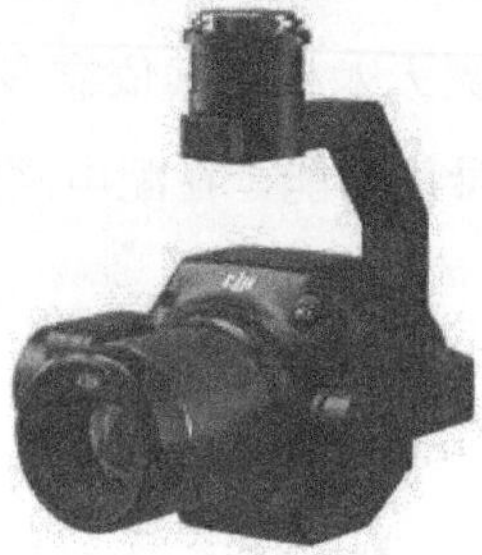

图 1-3　可见光挂载

（2）红外挂载

红外挂载（如图 1-4 所示）是一种装备在无人机上的探测设备，利用红外线技术检测设备发热，将检测到的图像实时传输到显示器等设备上。

图 1-4　红外挂载

（3）激光雷达挂载

激光雷达挂载（如图 1-5 所示）是一种可以通过激光雷达技术获取三维空

间信息的设备。其利用激光光束对目标进行扫描，通过测量激光的反射时间来计算目标的距离和位置，并生成高精度的三维点云数据，主要用于配电网架空线路通道三维建模。

图 1-5 激光雷达挂载

（4）其他功能性挂载

其他功能性挂载包括紫外检测挂载（如图 1-6 所示）、超声检测挂载，以及具备其他功能的挂载，包括架线脱钩装置、无人机喷火装置、照明装置等。

图 1-6 紫外检测挂载

1.1.2 配电网无人机机体平台

1.1.2.1 机身结构

无人机的机身结构通常是由轻质材料制成的框架或壳体，一般包括中央控制台、电池、机头和云台，而其他附加设备如传感器、摄像头和遥控模块等则根据无人机需要具体配备。机身结构的设计需要考虑无人机的飞行稳定性、可靠性和回收性等方面的要求。

1. 无人机的机身框架

无人机的机身框架是指无人机的骨架结构，通常使用轻质材料如铝、碳纤维和玻璃钢等制造。机身框架是无人机的重要组成部分，它决定了无人机的结构强度、稳定性和耐用性。以下是无人机机身框架的主要特点。

（1）轻质化

为了提高无人机的飞行效率和载荷能力，机身框架通常由轻质材料制成，例如碳纤维材料，在保证结构强度和稳定性的前提下，极大地减轻机身的重量，提高无人机的续航能力和飞行效率。

（2）高强度和高稳定性

在设计机身框架时，应根据无人机的需求和任务特点，增强机身结构的强度和稳定性，使无人机能够适应更加复杂的环境和不同应用场景。

（3）可拆卸

无人机机身框架应该具有可拆卸性，以方便机身零部件的改装和维修，同时也可降低维护成本和维修时间。

（4）较高的兼容性

无人机机身框架应该与其他无人机模块相容，能够与各种设备进行内部连接，控制便捷，并且不同类型、不同品牌的无人机机身框架应该具有相容性，提高配件共享率。

2. 无人机的动力系统

无人机的动力系统包含电机（发动机）、电调、螺旋桨、燃料或电池等，为无人机提供动力。动力根据来源可分为电动力、油动力和氢能源动力，电动力的无人机在配电网应用较为广泛。无人机电池常用的有镍镉电池、镍氢电池、锂离子电池、铅酸电池等，其中，锂离子电池是目前广泛应用的电池类型之一，其具有能量密度更高、体积更小、质量更轻、使用寿命更长等优点。

3. 无人机的传感器

无人机的传感器是无人机中最为重要的组件之一，其能够让无人机在执行不同的任务时收集到有用的数据，并使无人机能够自主飞行和实时反馈数据。以下是无人机常用的传感器类型。

（1）惯性导航系统

惯性导航系统通常由加速度计和陀螺仪组成，可以实时检测无人机的位置、方向和速度等。惯性导航系统对于无人机的姿态控制和飞行过程的稳定性非常重要，同时还能提供无人机航向的参考值。

（2）全球导航卫星系统（GNSS）

全球导航卫星系统是现代空中检测和遥感技术中最关键的传感器之一，它可以为无人机提供准确的位置和高度信息，帮助无人机稳定地悬停、飞行和定位。无人机在执行遥感、测绘和航拍等任务时经常使用GNSS传感器辅助导航。

（3）摄像头和图像传感器

摄像头和图像传感器能够捕捉远程景象，形成地面高清图片和视频，以支持无人机执行特定的任务。现在大多数无人机都搭载图像传感器或高清摄像头，具备遥感、测绘、航拍和应急响应等多种功能。

（4）雷达传感器

雷达传感器可以用来探测和测量目标物体，帮助无人机进行目标识别、跟踪、避障等操作。雷达传感器能够快速有效地收集三维立体数据，因此对于无人机执行海上高敏检测和科学探索等任务具有非常重要的作用。

（5）气象传感器

气象传感器可以收集大气中的气压、温度和湿度等参数，帮助无人机了解飞行环境并做出相应的调整。无人机在执行气象监测和天气预报任务时经常使用气象传感器。

无人机的传感器在电力行业中具有非常关键的作用，它能够给无人机提供位置和目标信息，从而保障无人机的安全、可靠、高效运行。未来，伴随着人工智能、机器视觉等技术的进步，越来越多的高端传感器也将被深入应用到电力巡检无人机系统中，从而显著提高电力巡检的智能化水平。

4. 无人机的云台及挂载

无人机的云台是指负责支撑和安装挂载设备的机械部件，包括机械结构、控制及传动系统等。无人机云台的主要功能是使无人机搭载的挂载设备保持稳定的姿态和角度，从而使数据 / 信息的收集变得更加准确和可靠。挂载则是指无人机上所搭载的传感器、相机及其他附属的装置，用于完成特定巡检任务的设备，包括摄像机、照相机、红外测温仪、紫外测温仪、激光雷达等。

1.1.2.2　飞行控制系统

无人机的飞行控制系统是一种用于控制和管理无人机飞行的电子系统，包括飞行控制器、传感器、执行器等。该系统负责控制无人机的方向、高度和速度，实现稳定飞行，同时还能根据任务需求实现目标锁定、点位悬停、自主返回等功能。

以下是无人机的飞行控制系统的主要组成部分。

1. 飞行控制器（FC）

飞行控制器通常是无人机飞行控制系统的核心部分。它负责接收传感器数据，并根据使用者设定的任务参数控制飞行状态和方向等参数。无人机的大多数基本功能由飞行控制器实现，如稳定性控制、飞行轨迹规划、姿态调整等。

2. 传感器

传感器通常由加速度计、陀螺仪、罗盘等组成，用于检测无人机飞行状态，如高度、速度、位置和姿态等。这些传感器的数据会与 GNSS 等数据系统相结合，用于导航和控制无人机的飞行。

3. 执行器

执行器通常指无人机电机和电调，它们负责控制无人机桨叶的转速和方向等，从而控制无人机的飞行速度和方向。

4. 遥控设备

遥控设备通常是操作无人机主要的控制和管理设备。它们提供飞行控制器和无人机之间的通信接口，使飞行控制器能够接收以及响应远程操作指令。

5. 自主飞行软件

自主飞行软件可以通过良好的编程，根据任务需求实现无人机自主飞行和控制。这些软件能够实现路径规划、自主避障、自主着陆等多种功能。

无人机的飞行控制系统是实现无人机稳定、安全飞行的关键元素。随着人工智能、自主飞行软件等技术的进步，无人机飞行控制系统可以做得越来越精细，实现多种复杂任务的智能化控制，这也将进一步推动无人机技术的发展。

1.1.2.3　导航系统

无人机的导航系统是指控制和管理无人机在空中飞行的技术体系，包括导航控制器和传感器等硬件设备以及相关的软件程序。传统的导航系统主要采用惯性导航系统与 GPS 的结合，但近年来出现了多种新的无人机导航系统及技术。以下是无人机主要的导航系统。

1. GPS

GPS 是最常用的一种卫星导航和定位系统，可以为无人机提供极高的定位精度和稳定性。它可以通过卫星信号计算无人机在空中的位置、速度和方向等相关数据，是目前十分常用的无人机导航和控制系统之一。

2. 惯性导航系统

惯性导航系统通常由加速度计和陀螺仪等传感器组成，能够测量无人机的加速度、姿态和角速度等参数，从而确定无人机的位置和速度。尽管惯性导航系统的精度相对较低，但它们可以矫正 GPS 的位置信息，从而提升 GPS 的精度，常常与 GPS 结合使用。惯性导航如图 1-7 所示。

图 1-7 惯性导航

3. 全球导航卫星系统（GNSS）

GNSS 是一类地球定位和导航卫星系统，包括 GPS、GLONASS、北斗卫星导航系统等多个系统。它们可以协同工作，为无人机提供高精度、全球性的导航和定位服务，从而使无人机的空中飞行更为安全和可控。

4. 超声波传感器

超声波传感器是一种主要用于无人机近距离飞行的传感器。无人机通过超声波传感器测量距离和方向等信息，以避免飞行时与障碍物相撞。

5. 视觉导航系统

视觉导航系统主要利用无人机搭载的相机、摄像头等设备收集视频和图像等信息，然后通过计算机图像处理和视觉算法实现无人机位置和轨迹的跟踪和控制。这种导航系统通常用于无人机在无人区域和室内环境的飞行导航。

无人机的导航系统种类繁多，功能各异。无人机运行的不同环境和应用场景需要不同的导航系统来应对，综合使用各类导航系统有助于提升无人机的导航精度和飞行性能，实现更为安全可靠的运行。

6. 无人机地面保障系统

无人机地面保障系统是为无人机的安全起降和空中运行提供保障的设备和系统，对于无人机完成任务具有十分重要的意义。这些系统包括各种设施和设备，例如发射和着陆平台、车辆、无人机维护设备、监控系统等，可以为无人机提供控制、监控和维护等支持服务。

以下是无人机地面保障系统的主要组成部分。

（1）发射和着陆平台

发射和着陆平台是确保无人机安全起降的关键设备。在不同场合下，无人机的起降点也会有所不同，在架空配电线路上，无人机需要垂直起降，并能够稳定地停留在目标位置。发射和着陆平台的设计与特定任务相关，旨在提供安全、稳定的起飞和降落环境。

（2）地面维护设备

无人机巡检作业需要一个完整的地面支持体系，包括合适的维护设备和工具。例如，远距离或长时间的巡检作业需要携带专业的无人机维修设备和工具，这些设备和工具可以确保无人机始终在最佳状态下运行。

（3）无人机的载运车辆

无人机的载运车辆通常负责运送无人机到需要执行任务的场所，例如人迹罕至的区域，无法通过现有交通方式前往的地点等。同时，无人驾驶车辆还能够为无人机搭载电池、传感器和其他必需工具，从而进一步提升其巡检的效率。图 1-8 所示为车辆载运无人机。

图 1-8　车辆载运无人机

（4）无人机监控系统

无人机监控系统用于控制无人机在空中的飞行状态和跟踪无人机的位置。这些系统通常由实时视频监控设备和传感器等组成，监测无人机的高度、速度、位置、姿态和状态等信息。监控系统可以为无人机的飞行提供实时的监控和控制，及时发现问题，并采取相应措施。

无人机地面保障系统对于支持无人机空中任务的成功执行和保证任务运行安全至关重要。这些系统为无人机提供了必要的控制、监视及维护等支持性服务，使得无人机在各种复杂环境下都能够完成任务并有效运行。

1.2 配电网无人机应用现状

无人机在电网巡检中应用广泛，近年来电力公司在这个方面也积累了丰富的经验。无人机巡检的进程可以分为三个阶段。

第一阶段是无人机单兵巡检阶段。该阶段无人机主要用于辅助巡检员完成巡视任务，提供实时的图像和视频数据，以便巡检员能够更全面地了解线路的状态。在这种模式下，无人机的操作主要由巡检员控制，巡检员需要具备一定的飞行技术和操作能力。

第二阶段是无人机自主巡检规模化应用阶段。该阶段无人机的自主飞行和数据采集能力得到了进一步提升。无人机可以根据预设的航线和任务要点进行自主飞行，并通过搭载的各种传感器和设备实时采集数据。这样可以大大提高巡检的效率和准确性，减少人力和资源的投入。

第三阶段是网格化自主巡检阶段。该阶段无人机巡检已经实现了规模化应用，并且与电网管理系统实现了无缝对接。通过网格化管理系统，可以实现对无人机的集中监控和调度，对巡检数据进行实时分析和处理；还可以将数据与历史数据进行对比，以便更好地判断线路的状态和健康状况。最终，根据分析结果，电力公司可以制订相应的维护计划，及时修复故障，确保电网的正常运行。

1.2.1 无人机单兵巡检阶段

近年来，无人机技术的飞速发展为电力行业带来了革命性的改变，其在配电网巡视和故障查找方面的应用尤为突出。传统的配电网巡视工作需要大量的人力物力，而无人机不仅提高了巡视效率，还降低了工作风险，成为配电网巡视的得力助手。

无人机在配电网巡视中发挥了巨大的作用。传统的巡视方式需要工作人员步行或乘坐车辆逐一巡视，耗费大量时间和人力。而无人机巡视可以快速、高效地完成对配电网的全面巡视。使用无人机搭载高清摄像头和红外热像仪等设备，可以实时获取配电设备的图像和数据，快速发现线路杆塔的倾斜、绝缘子的损坏、导线的断裂等问题，及时采取措施进行维修，消除安全隐患。

无人机在配电网故障查找中具有独特的优势。传统的故障查找需要人工逐一检查，耗费大量时间和人力，且效率低下。而无人机搭载的红外热像仪可以快速扫描整个配电网，准确地定位故障点。红外热像仪可以检测到电力设备的温度异常，通过无人机的航行路径，可以快速找到故障点，提高了故障排除的效率。

无人机还具备灵活性和适应性强的特点。无人机可以根据不同的巡视需求和环境条件进行灵活的飞行路径规划，适应不同的巡视任务。无人机还可以通过自主导航系统和遥控操控，实现远程操控和自主巡航，减少了人力投入。同时，无人机还可以搭载高精度的定位系统，实现精准的航线规划和故障定位，提高了巡视和故障查找的准确性。

但是，无人机单兵巡检存在以下缺点。

① 巡检范围受限。无人机单兵巡检的飞行时间和飞行距离有限，无人机的续航能力和飞行速度相对较低，因此无法覆盖大范围的配电网区域。

② 故障诊断能力有限。无人机单兵巡检主要通过图像传输进行故障检测，但对于一些细微的故障或隐蔽的问题可能无法准确诊断。

③ 数据处理和分析困难。无人机单兵巡检产生的大量数据需要进行处理和分析，但无人机设备本身的计算和存储能力有限，可能无法满足大规模配电网

的数据处理需求。

④ 存在一定的飞行安全风险：无人机单兵巡检需要操控人员进行飞行操作，存在一定的飞行安全风险。操控人员的技术水平和经验对飞行安全起关键作用，一旦发生操作失误或技术故障，可能导致无人机的坠毁或飞行事故。

配电网无人机单兵巡检应用具有巨大的潜力和优势，可以提高巡视效率，降低工作风险，为配电网的安全运行和故障排除提供有力支持。但随着无人机技术的不断发展和成熟，无人机在配电网巡视、故障查找方面以及其他领域的应用将会越来越广泛，迫切需要形成一套规模化应用的体系流程，加快无人机巡检应用进程。

1.2.2 无人机自主巡检规模化应用阶段

考虑到目前基层电力运维人员老龄化比较严重，基层单位能熟练掌握无人机操作技能的人数有限，因此在基层单位推广无人机自主巡检就显得格外重要。无人机自主巡检的推广可以解决一系列问题，提高巡视工作的效率和安全性，进一步保障配电架空线路的供电可靠性。

无人机自主巡检可以降低无人机的操作难度。对于年龄较大的巡视人员来说，学习和掌握复杂的无人机操作技术可能存在困难。而无人机自主巡检技术的应用可以将无人机的操作难度降至最低。通过预设航线和目标区域，无人机可以按照设定的航线自主飞行，巡视人员只需要发出简单的操作指令即可实现无人机的起飞、降落和巡视任务的设定。这样一来，年龄较大的巡视人员也能够轻松掌握无人机的操作，提高工作效率。

无人机自主巡检可以降低无人机操作风险，减少无人机故障率。基层电力运维人员通常缺乏无人机操作经验，操作不当可能导致无人机的损坏或意外事故的发生。而无人机自主飞行和自主导航技术可以保证无人机在巡视过程中的稳定性和安全性，减少操作失误和意外事故的发生。同时，无人机自主巡检技术还可以实现对无人机的实时监控和故障检测，及时发现并解决潜在的问题，降低无人机的故障率。

无人机自主巡检可以规范无人机作业流程，统一无人机巡检的标准及要求。在基层单位推广无人机自主巡检，可以制定统一的巡视航线、巡视时长和巡视频次等标准，确保无人机巡检的全面性和准确性。通过规范无人机作业流程，可以提高巡视工作的规范性和标准化水平，减少人为因素对巡视结果的影响，提高巡视工作的可信度和可靠性。

目前应用无人机自主巡检的技术路线主要包括示教模式和激光建模模式。这两种模式在不同地区都有一定的应用经验，并且各自具有一些优势和特点。

示教模式是一种比较传统的无人机自主巡检技术路线。该模式的操作流程是，首先手动采集无人机的航线，然后将这个航线保存在系统中，在后续的巡检任务中，无人机可以根据之前采集的航线进行自主飞行。这种模式的优势在于原理相对简单，操作较为直观，基本上任何有一定无人机操作经验的巡视人员都能够掌握。然而，示教模式在第一次采集航线时会面临一定的操作难度和工作量，需要耗费较多的时间和人力资源；此外，示教模式在巡视航线的精度和稳定性方面也可能存在一定的局限性，在复杂的地形和环境条件下可能不够准确和可靠。

激光建模模式是一种较为先进和精确的无人机自主巡检技术路线。该模式首先利用无人机搭载的激光雷达对架空线路通道进行激光采集建模，生成精细的三维模型；然后在这个三维模型的基础上进行航线规划，确定无人机的巡检路径和任务要点；最后利用无人机进行航线的验证和巡视任务的执行。激光建模模式的优势在于通过激光雷达技术对架空线路通道进行精确建模，可以提供高精度的巡视航线和目标区域信息，进一步提高巡视任务的准确性和可靠性；此外，激光建模模式还能够实现对架空线路通道的实时监测和故障检测，及时发现并解决潜在的问题，进一步提升巡视工作的效率和可靠性。

总的来说，示教模式相对简单直观，适用于在一般地形环境下的巡视任务；而激光建模模式在巡视航线精度和稳定性方面具有优势，能够应对复杂地形和环境条件的挑战。未来，随着技术的不断发展和创新，这两种模式可能会进一步融合和完善，以满足不同地区和场景的无人机自主巡检需求。

1.2.3 网格化自主巡检阶段

自主巡检虽然在一定程度上可以提升无人机巡检的效率，降低飞手的操作门槛，但是在巡检作业过程中，仍然需要人和车辆介入，没有从根本上实现机器代人。基于这种情况，无人机网格化巡检就是将人和车辆完全从无人机巡检作业中释放出来，实现无人机存储、充电、起降、飞行、巡检全面的无人化。

网格化巡检主要通过机巢和智能调度策略来实现，机巢根据功能，可分为固定机巢、简易机巢、简易停机坪等。

固定机巢（如图 1-9 所示）可满足全天候户外运行条件，是一套集成了射频识别技术、无线传输技术、无线充电技术、自动化控制技术等先进技术于一体的无人机智能设备。机巢本体可用于储存无人机，实现对无人机的电能补给，同时支持向系统平台推送机巢使用状态、机巢任务状态等数据，并支持接收系统平台下发的开关舱门、机场锁定、设备急停 / 复位等命令，配备的智能气象设备可实现对机巢周边气象数据的监测。固定机巢根据补能模式可分为充电式机巢和换电式机巢，充电式机巢的优点是结构相对简单，体积相对较小，稳定性较强；缺点是充电时间较久，无法满足高频次的巡检作业。换电式机巢的优点是补能较快，缺点是因为存在换电机械臂，一般体积和载重都比较大，机械臂稳定性较差，可能出现卡顿的情况。

简易机巢（如图 1-10 所示）是在充电式固定机巢的基础上，去掉了存储功能，为无人机提供临时修整场地和电池电量补给。因其体积小、重量轻、造价低、易部署，能够以较低成本迅速扩大无人机巡检半径，有效降低了全域机巡覆盖的整体成本投入。缺点是无法作为无人机长时间存储和在突发恶劣天气下无人机备降的场地。一般用于扩展无人机巡检半径，作为无人机“跳飞”的补能点。

图 1-9　固定机巢

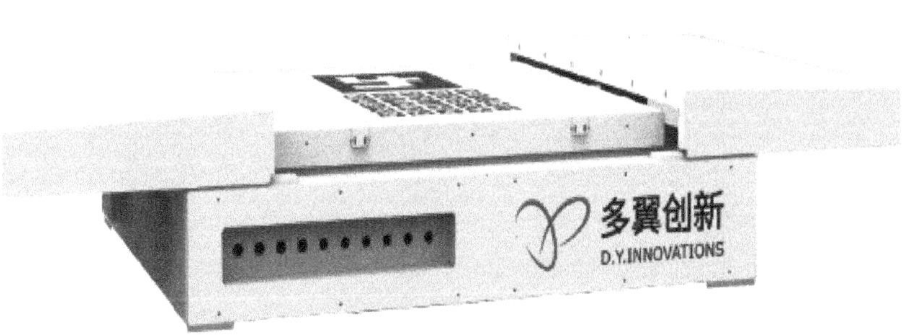

图 1-10　简易机巢

简易停机坪（如图 1-11 所示）是在简易机巢的基础上，去掉了补能的功能，仅作为一个无人机起飞降落的场地，由人工进行换电补能。优点是价格极低，适用于配电网点多面广、小投入实现网格化巡检的现状，一般部署在有人值守的供电站所、变电站等位置。

图 1-11　简易停机坪

无人机网格化巡检的智能调度策略，是一个集合气象、巡检计划、空域、机巢、航线等多维信息的算法，通过网格化巡检的智能调度策略，可以就近调度适航的无人机，安全可靠地完成巡检作业，最大程度地提升无人机巡检效率，真正意义上实现无人机巡检的无人化。

第 2 章 配电网无人机巡检技术

2.1 配电网无人机巡检技术概述

在日常的生产过程中，智能化的技术渐渐取代了传统的人力，一方面是由于智能化技术能够完成很多人们力所不能及的事情，另一方面是由于其能够形成更为精确的生产过程，无人机技术就是其中的一种。在传统的配电网巡检过程中，由于地理、环境等多项因素的影响，往往存在很大的误差，一定程度上给配电网巡检的建设和发展带来阻碍。无人机技术集合数字通信技术、信息技术等，能够完成高精度的配电网巡检，在投入使用过程中受到一致认可，同时也促进了社会的进步和发展。

配电网无人机巡检技术是指利用无人机及其搭载设备对配电线路通道、本体及其附属设施等进行巡视、检测分析的技术以及其他作业中所利用的相关技术。相较于传统的作业方式，利用配电网无人机巡检技术开展相关作业具有高效、低成本、高安全等优势。

配电网无人机巡检技术集合无人机本体技术（通信技术、避障技术、飞控技术等）、采集遥感技术及衍生出的作业技术等，使用者根据不同的作业需求，采用不同的巡检技术。

2.2 无人机本体技术

2.2.1 续航技术

大多数无人机产品续航在半小时左右，有的甚至只有十几分钟，一般来说，续航更长，应用的领域就更多，但无人机续航能力的提升是受到各种因素制约的。

首先，无人机是一种多旋翼的机型，目前我们看到的大多数无人机都有四个水平旋翼，相对于单旋翼或者共轴旋翼的直升机来说，有效的桨盘面积要小，也就是说，在相同起飞重量下，多旋翼单位桨盘面积产生的升力应该大于直升机，所以要有相同的升力，多旋翼机型要么提高螺旋桨转速，要么增加桨距，从而增大有效桨盘面积，同样的桨盘面积，小的桨功率损耗也十分明显，所以四个旋翼的无人机比相同桨盘面积的直升机的功率损耗会更多。

其次，多旋翼机型的动态飞行，是依靠多个螺旋桨的拉力和转动惯量的变化来进行控制的，如果提高螺旋桨转速，在飞行过程中转向时，螺旋桨的转速改变需要很大，才能有足够快的控制响应，而每一次的控制，都需要消耗更多的电量。如果用了最大的拉力效率，控制能力就大大降低，比如无人机飞得不平稳，而且对无人机产品来说，过大的桨距显然不符合轻便的特性，所以问题就是要在用小桨距获得好的拉力效率和用大桨距获得好的控制效率之间做出平衡。

另外，电池一直是一个需要突破的技术瓶颈，在目前的技术水平下，电池的放电倍率还达不到多旋翼的要求。所以总的来说，无人机产品的低续航，是综合各方面因素取得的平衡值。不能单单只提高续航，而弱化其他方面的性能。

因此，无人机的续航能力是由电池技术决定的，多旋翼无人机电池主要分为模型电池和智能电池两种，根据电池材料划分主要有碳性电池、镍镉电池、镍氢电池、锂离子电池和锂聚合物电池。目前浙江公司范围内，配电网应用的大疆无人机电池即智能锂电池，飞行高度在500米，飞行时间在30分钟内。

目前提高配电网巡检无人机续航能力的方法有以下几个。

①采用高能量密度的电池：选择高能量密度的电池可以大大提高电池的能量密度和续航时间。

②减轻无人机重量：尽量使无人机负载轻量化和最大限度地减少额外的负载，可以有效降低能量消耗。

③优化航线设计：为减少飞行时间和能量消耗，将航线设计为最短路径或按照一定策略来优化，并降低飞行高度、飞行速度、飞行时间等。

④充分利用天气条件：在配电网无人机巡检任务中，天气也是一个需要考虑的因素。在晴朗天气下，无人机的巡检效率更高，消耗的能量也会相对较少。

2.2.2　远距离通信技术

配电网无人机巡检需要与控制中心进行通信，而无人机的通信方式一般可以分为专网通信和公网通信两种。

专网通信是指建立在专门的通信网络上的通信方式（省公司内网和互联网大区等）。专网通信可以提供更高质量的信息传输和被动安全保护，使得无人机与控制中心之间的通信更为稳定、可靠和高效。此外，专网通信通常需要专有的硬件和软件设备，这也增加了部署和维护的成本。

公网通信则是借助公共的通信网络进行无人机巡检配电网数据传输的方式。公网通信可以通过4G、5G等移动通信网络进行，也可以利用无线局域网等进行。相对于专网通信，公网通信更为方便，不需要太多的设置和准备，也不需要大量的硬件和软件设备。但是，由于不属于专门定制，相对于专网通信，公网通信在信息传输质量和安全保护方面可能存在一定的风险和挑战。

专网通信和公网通信各有优点和劣势。一般而言，在传输敏感而重要的数据时，专网通信更为安全可靠；而对于无须太多保密措施的数据，公网通信更为便捷和经济。在实际应用中，可以根据具体的巡检需求和通信体系，选择更为适合的通信方式，以提高无人机巡检配电网的效率和安全性。

2.2.3 定位技术

2.2.3.1 GNSS 定位

目前定位技术有卫星系统定位、视觉系统定位、无线电加激光定位等。无人机定位主要以卫星系统定位为主，其定位精度大于等于 1 米，有 50% 的概率会出现 2 米以上的信号误差。

卫星系统全称为“卫星定位全球导航卫星系统”（Global Navigation Satellite System，GNSS），又称“全球卫星导航系统”，是能在地球表面或近地空间的任何地点为用户提供全天候的三维坐标和速度以及时间信息的空基无线电导航定位系统。其包括一个或多个卫星星座及其支持特定工作所需的增强系统。

全球卫星导航系统国际委员会公布的全球四大卫星导航系统供应商，包括中国的北斗卫星导航系统（BDS）、美国的全球定位系统（GPS）、俄罗斯的格洛纳斯卫星导航系统（GLONASS）和欧盟的伽利略卫星导航系统（GALILEO）。

卫星定位出现误差的原因如下。

① 与卫星有关的误差：卫星星历误差、卫星钟差、卫星天线相位中心误差、相对论效应。

② 与信号传播有关的误差：电离层延迟、对流层延迟、多路径效应。

③ 与接收设备有关的误差：接收机钟差、接收机的位置误差、接收机天线相位中心的偏移和变化、接收机测量噪声。

2.2.3.2 高精度定位技术

高精度定位多采用 RTK 技术，经纬度精度可以达到 10 厘米以下，高程精度在 30 厘米以下。

实时动态差分法（Real-time Kinematic，RTK）又称“载波相位差分技术”（如图 2-1 所示），是一种新的常用的 GPS 测量方法。以前的静态、快速静态、动态测量都需要事后进行解算才能获得厘米级的精度，而RTK是能够在野外实时得到厘米级定位精度的测量方法，它能实时提供观测点的三维坐标，并达到厘米级的高精度。其原理是基准站和移动站的接收机不间断地接收卫星信号，通过站间观测值差分消除，解算出自身的空间坐标，进而完成高精度定位。该技术可实现相位模糊度快速固定，以及瞬时厘米级定位。该技术的优点是国内CORS系统采用CGCS2000坐标基准，无须已知点，可直接测量。缺点是容易受一些外部电磁信号干扰；作业范围取决于移动通信的网络覆盖度，网络工作模式的作业前提是要有移动信号。RTK技术一般用于配电网无人机巡检期间的精准定位，可为无人机实时提供精准的三维定位，保障无人机自主巡检的安全性和准确性。

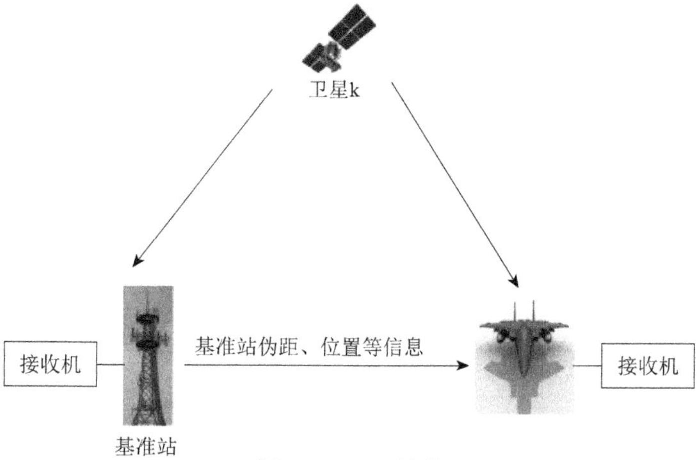

图 2-1　RTK 技术

后处理差分法PPK（Post Processed Kinematic）是一种获取厘米级定位精度信息的高精度定位技术（如图2-2所示）。相对于RTK而言，PPK可以将移动端和基站端的数据分别记录下来，进行后处理差分，因此不受限于基站与移动站间的通信链路与协议，未覆盖网络区域也可以进行测量。此外，解算基线距离PPK一般高于RTK实时解算的距离，并有更高的可靠性。缺点是PPK是一种非实时定位技术，需要额外下载基站数据进行解算，无法为无人机自主巡检提供实时精准定位。配电网无人机应用方面，一般用于激光点云三维建模，相较于RTK，可实现更为精准的三维点云建模。

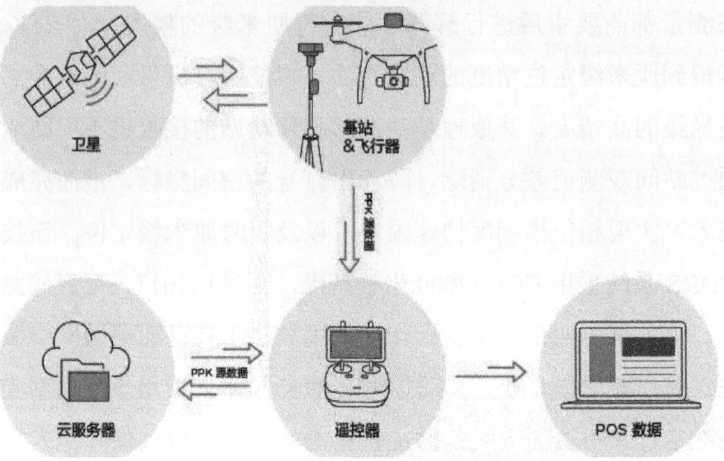

图 2-2　PPK 技术

2.2.4　避障技术

避障技术，顾名思义就是无人机自主躲避障碍物的智能技术。根据目前无人机避障技术的发展以及未来的研究态势，无人机避障技术可分为三个阶段：一是感知障碍物阶段；二是绕过障碍物阶段；三是场景建模和路径搜索阶段。这三个阶段其实是无人机避障技术的作用过程，从无人机发现障碍物，到其可以自动绕开障碍物，再到其自我规划路径的过程。

目前，无人机的避障技术主要有以下几种。

1. 超声波测距

这个方法很多人都熟悉，家用汽车的倒车雷达就是利用超声波检测障碍物，该方法的优点是技术成熟，成本很低；但缺点在于作用距离近（常用的中低端超声波传感器作用距离不超过 10 米），且对反射面有一定的要求。因此超声波测距传感器常用来测量无人机与地面的距离。

2. 红外 / 激光 TOF

红外 / 激光 TOF 即飞行时间传感器，基本原理就是传感器发射一定频率的红外 / 激光信号，然后根据反射信号与原信号的相位差计算信号的飞行时间，即可换算出距离障碍物的距离。该方法技术比较成熟，作用距离较超声波更远

（数米到数百米），而且高等级的 TOF 传感器可以获得障碍物的深度图像；但缺点在于成本高，抗干扰能力较差（激光 TOF 稍好）。因此该方案在当前市场上产品或样机中有一定规模的应用。

3. 双目视觉

当前无人机智能避障技术的主要方式是采用双目视觉避障。视觉识别系统通常来说包括一个或两个摄像头。单一的照片只具有二维信息，犹如 2D 电影，并无直接的空间感，只有依靠“物体遮挡、近大远小”等生活经验解读。单一的摄像头获取到的信息极其有限，无法达到我们想要的效果（当然能够通过一些其他手段辅助获取，但是此项技术还不成熟，并没有大规模验证）。类比机器视觉，单个摄像头的图片信息无法获取场景中每个物体与镜头的距离关系，即缺少第三个维度。

采用该技术和用双眼看到的场景略有不同，视觉效果犹如 3D 电影，有更强的真实感和空间临场感。避障功能能够使无人机不会撞击其他物体，减少无人机损坏。类比机器视觉，从单个摄像头升级到两个摄像头，即立体视觉（Stereo Vision）能够直接提供第三个维度的信息——景深（depth），能够更为简单地获取三维信息。双目视觉最常见的例子就是我们的双眼：我们之所以能够准确地拿起面前的杯子，判断汽车的远近，都是因为双眼的双目立体视觉，而 3D 电影、VR 眼镜的发明，也都是双目视觉的应用。双目视觉的基本原理是利用两个平行的摄像头进行拍摄，然后根据两幅图像之间的差异（视差），利用一系列复杂的算法计算出特定点的距离，当数据足够时还能生成深度图。

图 2-3 为双目视觉原理图。

这个方法运用人眼估计距离的原理，即同一个物体在两个镜头画面中的坐标稍有不同，经过转换即可得到障碍物的距离。双目视觉方法也可以获得障碍物的深度图像。这种方法的缺点在于技术难度较高，且距离估计的误差随距离变大而指数型增长，只是这一缺点在无人机避障应用中并无太大影响。

4. 电子地图

借助细粒度的数字高程地图和城市 3D 建筑地图，既能够避免重要建筑物受到无人机撞击（即禁飞区功能），也能够实现很多情况下的无人机避障。

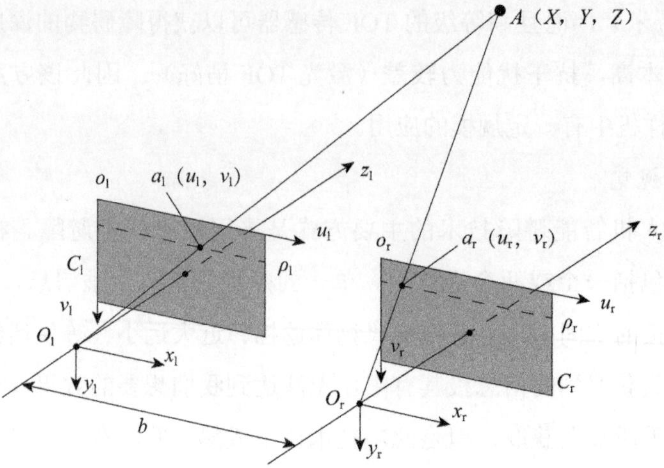

图 2-3　双目视觉原理图

2.2.5　飞控技术

2.2.5.1　飞行控制系统的概念

飞行控制系统（Flight Control System）简称“飞控”，可以看作飞行器的大脑。多轴飞行器的飞行、悬停、姿态变化等都是由多种传感器将飞行器本身的姿态数据传回飞控，再由飞控通过运算和判断下达指令，由执行机构完成动作和飞行姿态调整。飞控可以理解成无人机的 CPU 系统，是无人机的核心部件，其功能主要是发送各种指令，并且处理各部件传回的数据。这类似于人体的大脑，对身体各个部位发送指令，并且接收各部位传回的信息，“运算”后发出新的指令。

无人机飞控主要体现在无人机平移飞行、旋转飞行、爬升飞行、俯冲飞行。大疆无人机具有五种飞行模式：P 模式（GPS 模式）、A 模式（姿态模式）、F 模式（智能模式）、S 模式（运动模式），可根据不同实际需求选择切换。因 GPS 模式采用导航卫星辅助定位，能稳定悬停和飞行，是目前绝大多数人首选的飞行模式。

2.2.5.2　飞行控制系统的飞行原理及控制方法

这里以四旋翼无人机为例介绍飞行原理及控制方法。四旋翼无人机一般由检测模块、控制模块、执行模块以及供电模块组成。

检测模块对当前姿态进行量测；执行模块则对当前姿态进行解算；控制模块优化控制，并对执行模块产生对应的控制量；供电模块对整个系统进行供电。

四旋翼无人机机身是对称的十字形刚体结构，材料多采用质量轻、强度高的碳素纤维。

在十字形结构的四个端点分别安装一个由两片桨叶组成的旋翼为飞行器提供飞行动力，每个旋翼均安装在一个电机转子上，通过控制电机的转动状态控制每个旋翼的转速，来提供不同的升力以实现各种姿态；每个电机均与电机驱动部件、中央控制单元相连接，通过中央控制单元提供的控制信号来调节转速大小；IMU 惯性测量单元为中央控制单元提供姿态解算的数据，机身上的检测模块为无人机提供了解自身位姿情况最直接的数据，为四旋翼无人机最终实现复杂环境下的自主飞行提供了保障。

图 2-4 为四旋翼无人机构成图。

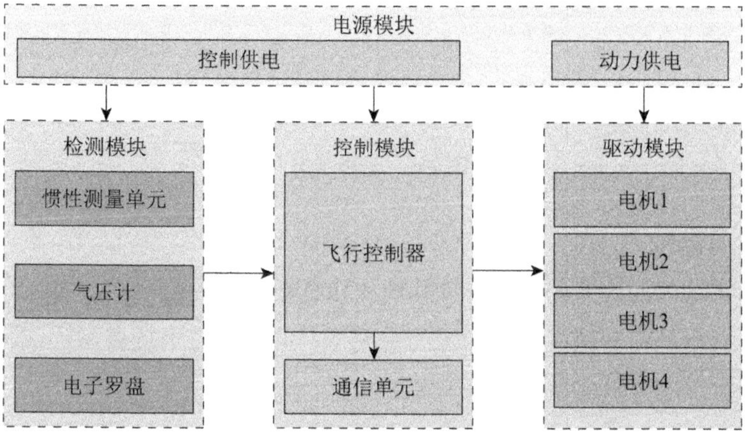

图 2-4　四旋翼无人机构成图

将位于四旋翼机身同一对角线上的旋翼归为一组，前后端的旋翼沿顺时针方向旋转，从而可以产生顺时针方向的扭矩；而左右端旋翼沿逆时针方向旋转，从而产生逆时针方向的扭矩，如此四个旋翼旋转所产生的扭矩便可相互抵消。

由此可知，四旋翼飞行器的所有姿态和位置的控制都是通过调节四个驱动电机的速度实现的。

2.2.5.3 飞行控制系统的控制方法

一般来说，四旋翼无人机的运动状态主要分为悬停、垂直运动、翻滚运动、俯仰运动以及偏转运动五种。

1. 悬停

悬停（如图 2-5 所示）是四旋翼无人机具有的一个显著的特点。在悬停状态下，四个旋翼具有相等的转速，产生的上升合力正好与自身重力相等，并且因为旋翼转速大小相等，前后端转速和左右端转速方向相反，从而使得飞行器总扭矩为零，使得飞行器静止在空中，实现悬停状态。

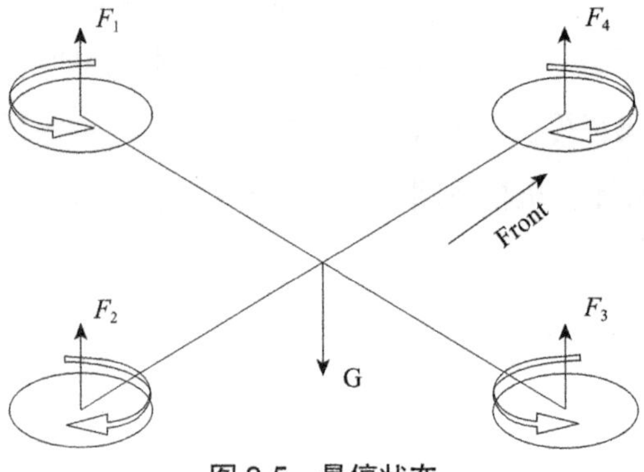

图 2-5　悬停状态

2. 垂直运动

垂直运动（如图 2-6 所示）是五种运动状态中较为简单的一种，在保证四旋翼无人机每个旋转速度大小相等的情况下，同时对每个旋翼增加或减小大小相等的转速，便可实现飞行器的垂直运动。

当同时增加四个旋翼转速，使得旋翼产生的总升力超过四旋翼无人机的重力时，四旋翼无人机便会垂直上升；反之，当同时减小旋翼转速，使得每个旋翼产生的总升力小于自身重力时，四旋翼无人机便会垂直下降，由此可实现四旋翼无人机的垂直升降控制。

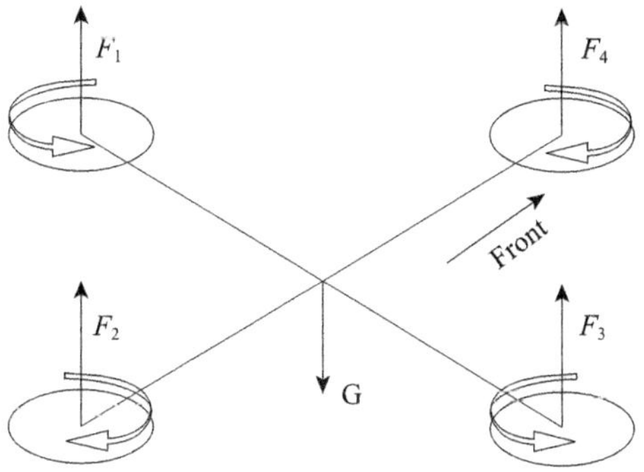

图 2-6 垂直运行

3. 翻滚运动

翻滚运动是在保持四旋翼无人机前后端旋翼转速不变的情况下，通过改变左右端的旋翼转速，使得左右旋翼之间形成一定的升力差，从而使得飞行器机体左右对称轴上产生一定的力矩，导致在方向上产生角加速度从而实现控制。

如图 2-7 所示，增加旋翼 1 的转速，减小旋翼 3 的转速，则飞行器向右倾斜飞行；相反，减小旋翼 4 的转速，增加旋翼 2 的转速，则飞行器向左倾斜飞行。

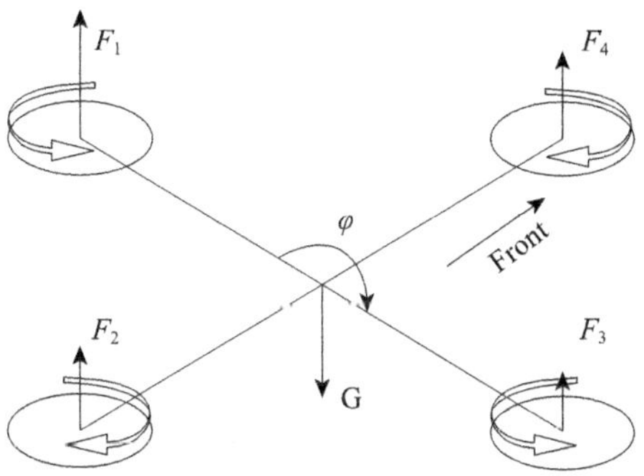

图 2-7 翻滚运动

4. 俯仰运动

四旋翼飞行器的俯仰运动和翻滚运动相似，是在保持机身左右端旋翼转速不变的前提下，通过改变前后端旋翼转速形成前后旋翼升力差，从而在机身前后端对称轴上形成一定力矩，引起角方向上的角加速度从而实现控制。

如图 2-8 所示，增加旋翼 3 的转速，减小旋翼 1 的转速，则飞行器向前倾斜飞行；反之，则飞行器向后倾斜。

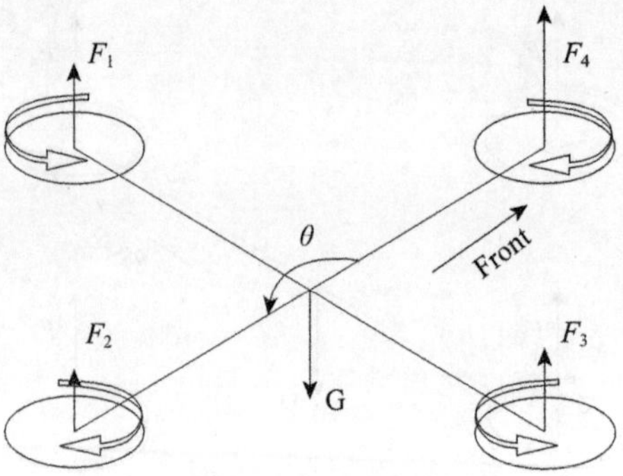

图 2-8 仰俯运动

5. 偏转运动

四旋翼的偏转运动是通过同时两两控制四个旋翼转速实现控制的。

保持前后端或左右端旋翼转速相同时，便不会发生俯仰或滚动运动；而当每组内的两个旋翼与另一组旋翼转速不同时，由于两组旋翼旋转方向不同，便会导致反扭矩力的不平衡，此时便会产生绕机身中心轴的反作用力，引起沿角方向上的角加速度实现控制。

如图 2-9 所示，当前后端旋翼的转速相等并大于左右端旋翼转速时，因为前者沿顺时针方向旋转，后者相反，总的反扭矩沿逆时针方向，反作用力作用在机身中心轴上沿逆时针方向，引起逆时针偏转运动；反之，则会引起飞行器的顺时针偏转运动。

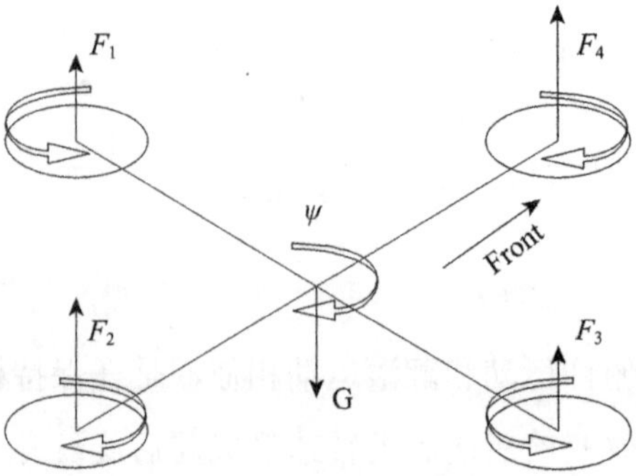

图 2-9 偏转运动

综上所述，四旋翼无人机飞行状态的控制是通过控制对称的四个旋翼的转速，形成相应不同的运动组合实现的。

2.3 采集遥感技术

遥感技术是从远距离感知目标反射或自身辐射的电磁波、可见光、红外线，对目标进行探测和识别的技术。现代遥感技术主要包括信息的获取、传输、存储和处理等环节。完成上述功能的全套系统称为“遥感系统”，其核心组成部分是获取信息的遥感器。遥感器的种类很多，主要有照相机、电视摄像机、多光谱扫描仪、成像光谱仪、微波辐射计、合成孔径雷达等。

目前，配电网无人机巡检搭载高分相机、红外热成像仪和激光雷达传感器等遥感设备获取线路设备和周边环境的相关信息，利用无线通信技术传输到地面站系统并进行分析检测，识别线路设备缺陷以及潜在的危险源点。多角度、定点的高清照片能够提供细节信息，帮助发现地面人员难以发现的隐蔽性缺陷；搭载红外设备进行高空红外测温对于电网高温大负荷期间的线路巡检减负意义重大；激光雷达技术能够检测线路走廊超高树木、超高违章构筑物等危及线路安全运行的事物，有效规避线路障碍物风险。

2.3.1 激光雷达技术

LiDAR（Light Detection and Ranging）即激光探测及测距。激光雷达以激光器作为发射光源，以光电探测传感器为接收元件，依据激光测距的原理进行距离和角度的测量和记录，以此确定被测对象的方位信息。

通过计算光脉冲打在物体上并反射回到接收器的时间，可以实现对距离的测量。

激光雷达主要由激光发射系统（如图 2-10 所示）、接收系统、旋转棱镜、控制系统及供电单元等部分组成。激光发射系统用于激发和发射激光，发射出的激光通过旋转棱镜，以折射或者反射的形式从激光雷达发射窗口发射出去，激光束遇到目标物之后发生漫反射，反射的激光信号被接收单元接收，通过系统内的信号处理单元转换成测量信息。

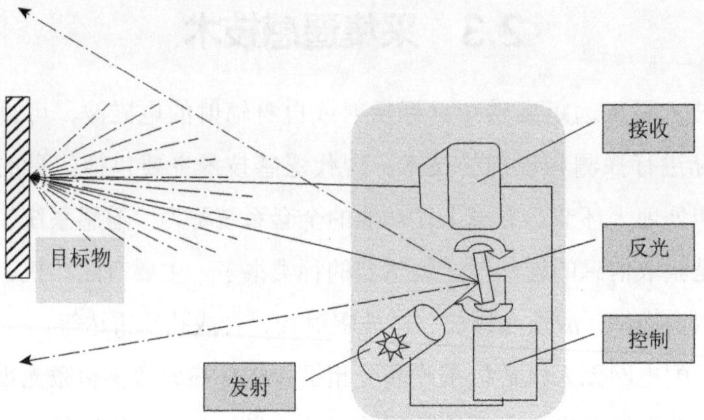

图 2-10　激光发射系统

三维激光雷达系统（LiDAR）是综合应用激光测距仪（扫描器）、惯性导航（IMU）、差分 GPS（DGPS）的快速测量系统，结合飞行平台，可直接联测地面各点的三维坐标。系统同时集成高分辨率数码相机，用于同时获取目标区域影像。

由 LiDAR 获取数据结合激光扫描角度、时间及 GPS 记录的位置和 IMU 记录的角度等参数，可准确地计算出每个激光点的三维坐标，进而得到目标物的三维激光点云数据。

机载激光雷达系统测量原理如图 2-11 所示。

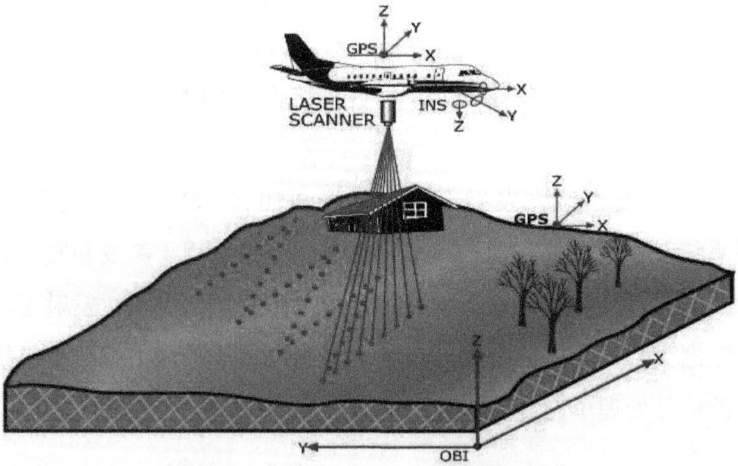

图 2-11　机载激光雷达系统测量原理

2.3.2 带电检测技术

2.3.2.1 基于无人机红外图像的配电设备检测技术

热红外成像的基本原理是采用红外热成像技术，通过测量目标物体的红外辐射，运用光电转换、信号处理等手段，将目标物体的热分布数据转换成影像（如图 2-12 所示）。基于热红外成像的原理和实际的热红外传感器参数，以及拍摄距离等环境参数，依据热红外影像的像素灰度值，可计算该像素点对应的实际物体温度值。

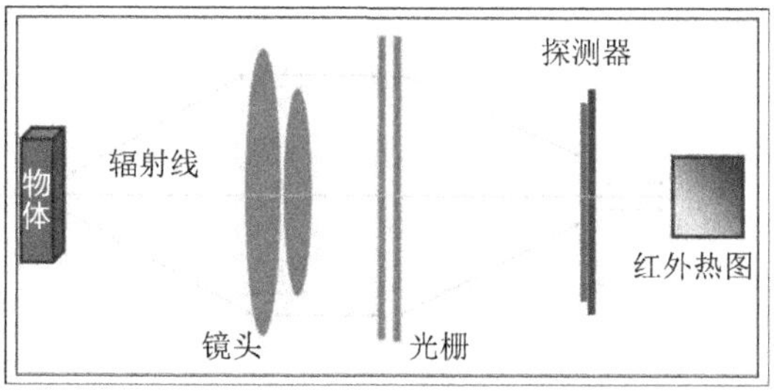

图 2-12 热红外成像原理

在实际应用中，热红外传感器厂家会提供温度解析的计算接口，基于温度解析计算接口可实现对 R-JPEG 红外照片逐像素点温度测量。通过设定温度异常阈值，在热红外影像上对配电设备可能发热设备部件进行温度分析，判断是否存在发热异常情况。图 2-13 所示为配电设备热红外图像分析示例。

图 2-13 配电设备热红外图像分析示例

2.3.2.2 基于无人机紫外图像的配电设备局放检测技术

配电线路设备工作在大气环境下，随着绝缘性能降低，结构缺陷导致表面局部放电现象，电晕和表面局部放电过程中，电晕和放电部位将大量辐射紫外线，利用电晕和表面局部放电的产生和增强可以间接评估运行设备的绝缘状况和及时发现绝缘设备的缺陷，紫外成像带电检测技术可以检测电力设备电晕放电和表面局部放电特征，以及外绝缘状况和污秽程度，有效保证电力系统正常运行。

无人机搭载紫外成像仪（如图 2-14 所示）开展紫外检测放电的原理是在发生外绝缘局部放电过程中，周围气体被击穿而电离，气体电离后放射光波的频率与气体的种类有关。空气中的主要成分是氮气，氮气在局部放电的作用下电离，电离的氮原子在复合时发射的光谱主要落在紫外光波段，利用紫外成像仪接收放电产生的太阳日盲区内的紫外信号，经处理与可见光图像叠加，从而确定电晕位置和强度。

图 2-14　无人机搭载紫外成像仪

无人机紫外成像仪的技术优势如下。

① 高速检测。在较快的飞行速度下，能够探测并捕捉到微弱电晕信号，不会发生漏检，输出的图像清晰无拖尾。

② 精确定位。采用高精度图像融合算法，叠加精度小于 1mrad，能够精准定位电晕、电弧、局部放电的位置，添加 GPS 技术可更精准定位故障位置。

③ 高灵敏探测器采用高性能紫外探测器，使用 240 ～ 280 纳米紫外窄带滤波技术，可全天候进行带电检测，雨天不受影响。

④ 多框计数与阈值报警。紫外光子计数在输出控制中有全屏、分框等 5 种计数模式，同时可设置光子数大小阈值报警。

图 2-15　紫外成像发现绝缘子放电

2.3.2.3　基于超声波的配电设备局放检测技术

电气设备发生局部放电时，在放电区域分子之间会产生剧烈的碰撞，介质由于放电发热，体积会瞬间发生改变，这些因素都会在宏观上产生机械波 - 脉冲压力波，超声波就是其中频率大于 20kHz 的声波分量。局部放电点可以看作脉冲声源，声波以球面波的形式传播，遵循机械波的传播规律，声波在不同的介质中传播速度是不同的，且在介质交界的地方发生反射及折射现象。

无人机搭载局放设备开展局放检测的原理是在电气设备内部产生局部放电过程中，伴随着电荷的中和过程，产生较陡的电流脉冲，局部放电发生的区域由于电流脉冲的作用瞬间因受热而体积膨胀，形成一种类似爆炸的效果，放电区域在放电过程结束之后恢复到原来的体积。这种因局部放电产生的一胀一缩的体积变化引起了介质的疏密瞬间变化，形成超声波。无人机搭载局放设备，通过超声波传感器将超声波信号转换为电信号，将信号进行后续的处理就可以得到表征局部放电的特征量。

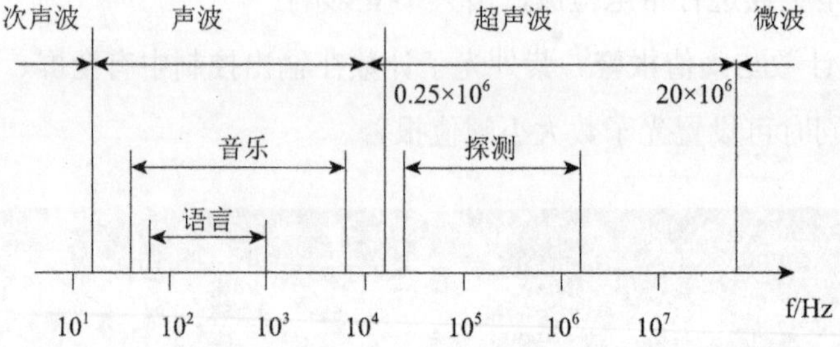

图 2-16　声波频率

无人机搭载局放检测仪具有以下优点。

① 高效率。无人机可以快速地飞到需要检测的设备附近，节省了人力和时间成本。

② 高精度。局放检测仪可以高精度地检测电力设备的局部放电现象，提前发现设备存在的隐患，确保电力设备的可靠运行。

③ 自动化。无人机搭载局放检测仪可以实现自动化检测和监测，减少人工干预和操作，提高检测的准确性和可靠性。

④ 安全性。无人机搭载局放检测仪可以在远离人类操作员的地方进行检测，避免了传统检测中可能出现的风险。

2.4　无人机巡检作业技术

2.4.1　基于点云的空间信息提取与配准技术

配电设备空间信息提取是指依据杆塔的点云形态特征在点云中提取杆塔的精确定位信息。配电设备空间信息配准则是将提取的杆塔空间信息与台账系统内已有的设备空间信息进行配准，实现对配电设备台账空间信息的更新。

配电线路实际运行过程中，杆塔双重命名相对准确，但杆塔定位坐标并不准确，与实际线路情况相差较大，因此需要基于点云数据实现杆塔定位点的提取，并通过与线路杆塔沿布图配准实现杆塔坐标重新定位命名。

以无人机沿配电线路的飞行轨迹数据为中心线，设定一定的宽度阈值为杆塔提取的有效范围，通过基于杆塔形态特征的提取算法实现有效范围内的杆塔定位点提取。实际杆塔定位点坐标与杆塔沿布图中的坐标存在一定的差异性，通过相近位置归类、杆塔逻辑拓扑关系以及线路总体走向等维度分析，基于各维度的一致性综合分析实现实际杆塔定位点与线路杆塔沿布图中杆塔的配准，实现杆塔的自动命名。配准算法的应用如图 2-17 所示，线和线上圆点为线路杆塔沿布图中的线路和杆塔位置信息，白色外框的正方形点为实际点云中提取的杆塔位置，通过预先设定的首塔配对信息、杆塔逻辑关系以及整体最近最优原则实现所有杆塔信息的配准，基于配准的结果对点云中提取的实际杆塔进行命名。

图 2-17　杆塔自动校准

2.4.2 基于点云的配电线路通道空间安全分析技术

配电线路通道空间安全分析的核心是对点云进行分类处理，基于分类结果提取点电力线模型，再基于空间安全分析算法进行通道缺陷隐患的自动识别与定位，其核心流程和算法如下。

1. 点云分类

点云分类是指对点云的每一个点进行归类，归类的方法分为自动和手动两种，该算法能实现有效范围内数据特定类型的自动分类。有效范围是指沿线路通道两侧一定宽度范围内的点云，该范围内的数据可用于树障缺陷分析，范围外的数据没有实际应用价值。特定类型主要是指杆塔、导线、植被、地面和噪点五类，分类算法的核心原理是基于杆塔和电力线的形态特征提取杆塔和导线类型的点，基于点云的回波特性区分植被和地面点，基于噪点的离散特征识别噪点类型。

2. 导线提取

导线提取是基于导线类型的点云构建线路所有杆塔连接的档内的导线矢量模型，电力线的空间分布满足三维悬链线模型，但该模型过于复杂，计算量大，不便于后续的应用，因此可将三维悬链线模型简化为档剖面内的二维斜抛物线模型，该模型与三维悬链线模型精度接近，不影响后续缺陷分析的精度。基于导线类型的点云可快速实现档剖面内的二维斜抛物线的拟合，从而实现导线矢量模型的构建。

2.4.3 基于点云的配电无人机自主巡检航线规划技术

配电无人机自主巡检航线规划的目标是基于点云规划巡检点、拍摄点以及航线组成的航线，其核心功能和算法包括如下内容。

1. 自动生成航线

基于杆塔的基准点坐标和巡检模板，通过三维空间变换算法自动生成多个杆塔的巡检航线，航线顺序为从小号塔到大号塔，基于空间最优路径算法生成最高效的巡检航线，通过尽可能少的航点、尽可能短的航线以及合理的飞行顺序实现巡检效率的最大化。自动生成航线可满足绝大部分配电网无人机自主巡检场景的需求。

2. 自动转换航线

通过三维空间变换的算法将前期规划的无人机自主巡检航线转换为适配新型无人机的自主巡检作业航线数据，无须重新规划，算法的核心是通过调整拍摄距离和变焦倍率，保持不同传感器的成像目标不变。

3. 航线安全检查

通过三维空间的碰撞检查算法检测航线是否存在距离杆塔和周边环境地物距离小于安全距离的情况，如果存在则通过三维可视化的方式标记出有问题的航线或航点数据。

4. 航线模拟飞行

通过三维点云的高性能可视化引擎和三维模拟仿真算法对规划的自主航线进行模拟仿真飞行，通过模拟仿真飞行观察航线的飞行效果，从而判断航线是否合理。

为确保配电网线路无人机自主巡检的安全性和合理性，航线安全检查和航线模拟飞行是标准化工作流程中必不可少的两个环节。通常情况下，自动生成的航线可通过航线安全检查，且航线模拟飞行结果合理，即可满足配电网线路无人机自主巡检的需求；只有在线路周边环境异常复杂且杆塔实际情况特殊的情况下才需进行手动编辑航线，以保证无人机自主巡检的飞行安全和成果可靠。

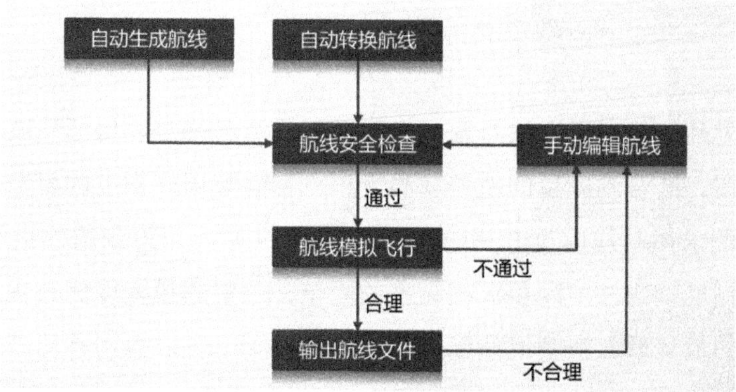

图 2-18　航线规划流程

2.4.4 基于航线的配电无人机自主飞行技术

基于航线的配电无人机自主飞行是指无人机可依据航线自主飞行，并对配电设备进行拍照，全过程自主作业，无须人工干预，无人机自主飞行实现依赖无人机的RTK高精度定位技术和智能避障技术。详见讲解无人机本体技术的内容，在此不再赘述。

2.4.5 无人机定位降落技术

为了使无人机在巡检过程中能够高精度定位降落，须使用能达到厘米级定位精度的RTK技术。在配电网无人机广泛的探索应用过程中，无线充电式无人机也是重要的探索方向。实现无人机远程自主起降无线充电时，充电接触面积对充电效率有直接影响，对无人机精准定位提出更高要求，须对RTK技术进行改进，优化定位精度。

1. 载波相位差分模型

RTK处理过程包括载波周跳检测与修复、整周模糊度浮点解求解、整周模糊度确定、整周模糊度正确度检验等4个环节。对于移动接收站来说，关键在于能准确并快速求解出整周模糊度以完成精准定位。为了消除对流层延迟和电离层延迟的影响，在短基线条件下，可以将移动站u和基准站z分别对卫星i和j做单差处理，方程式如下：

$$\varphi_{\mathrm{uz}}^{(\mathrm{i})}=\lambda^{-1}r_{\mathrm{uz}}^{(\mathrm{i})}+f\delta t_{\mathrm{uz}}+N_{\mathrm{uz}}^{(\mathrm{i})}+\varepsilon_{\varphi,\mathrm{uz}}^{(\mathrm{i})}$$
$$\varphi_{\mathrm{uz}}^{(\mathrm{j})}=\lambda^{-1}r_{\mathrm{uz}}^{(\mathrm{j})}+f\delta t_{\mathrm{uz}}+N_{\mathrm{uz}}^{(\mathrm{j})}+\varepsilon_{\varphi,\mathrm{uz}}^{(\mathrm{j})}$$

使用无几何距离组合法对载波周跳进行检测和修复，保证载波相位测量值连续可用。结合站间星间双差观测方程，忽略整周模糊度的整数约束，用最小二乘法求得基线向量R_n和模糊度浮点解N赞。由得到的浮点解N赞使用逐级模糊度确定法实现整周模糊度的固定。由整周模糊度的最优解，得到基线向量的最优解。在基准站已知位置的条件下，可以得到移动基站的精确位置。

2. 优化实时定位精度的改进方法

逐级模糊度确定法基于宽巷测量值的整周模糊度相比于窄巷更易求解，可以根据不同波长的组合测量值，逐级从最宽巷到最窄巷解得整周模糊度。该方法是与几何无关的算法，较为适用于RTK技术。该算法与用户接收机运动状态无关，也不易受到电离层延迟及对流层延迟的影响，算法复杂度相比于几何相关算法大大简化，解算效率显著提升，甚至能将RTK定位精度从厘米级提升到毫米级，优化了无人机的定位降落性能。

2.5 无人机作业成果处理技术

2.5.1 基于点云数据的配电设备通道缺陷隐患识别技术

基于点云数据的配电设备通道缺陷隐患识别核心原理是通过点云数据的形状及密度分析，完成配电线路、树木、建筑物的分类及空间距离计算，实现不同季节、不同导线类型、不同树种的通道缺陷的自动识别与定位。

分析过程主要包括四个环节：①基于统计滤波去除噪点；②点云目标分类，去除非电力线干扰点云；③基于二分法和RANSAC算法的电力线拟合和重建，获得电力线点云；④电力线树障隐患分析，检测具有隐患的电力线区域。

在处理分析过程中主要区分春夏和秋冬两类季节，导线类型主要区分裸导线和绝缘导线两种，树种分毛竹和非毛竹两种，以《配电线路运行规范》（2014版）中通道类缺陷定义为标准设置缺陷阀值。通过人工智能识别算法和预先收集的大量毛竹图像样本，在无人机采集的影像数据中可识别出毛竹类型的植被。通过植被点云的空间坐标和导线坐标判断出该植被点处于导线的下方或侧方。导线下方的植被基于空间距离标准判断缺陷等级，导线侧方的植被基于植被的最高点坐标、植被的高度以及导线坐标进行树木倒伏分析。

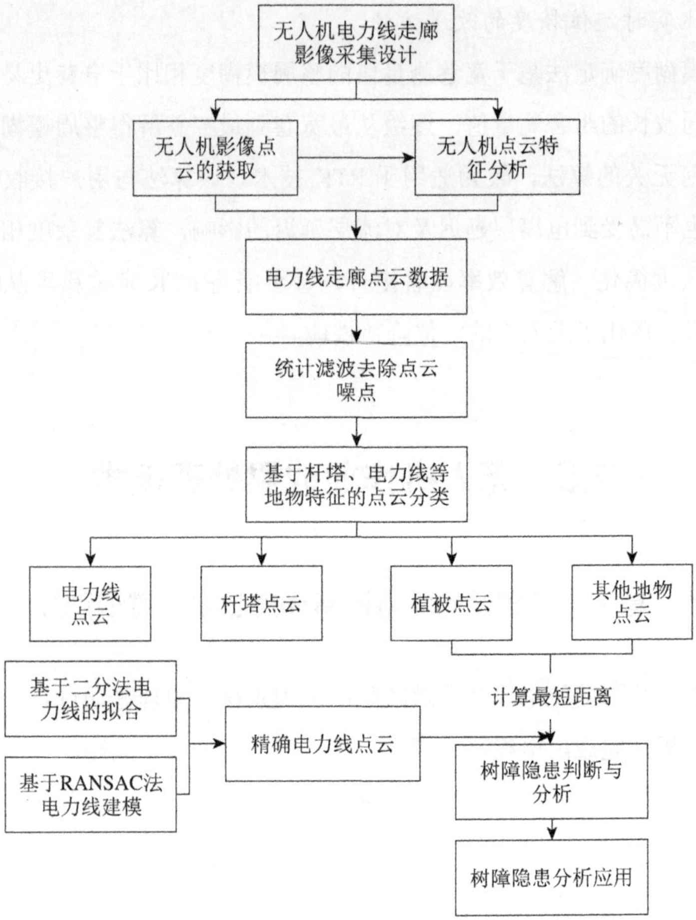

图 2-19　通道分析流程

对线路的缺陷等级分析具体步骤如下。

① 设定电力线分段安全距离检测值，沿电力线曲线矢量将电力线按检测值进行分段，以便于在不同分段内进行当前剖面与邻近剖面包含的地物与导线间距的测量。

② 计算各电力线在每一剖面（剖面垂直于电力线的走向）上距离剖面内地物的净空距离、垂直距离以及水平距离。同时，计算植被倒伏安全距离。依据植被类别点与 DEM 记录的地面高度差计算植被高度作为树木倒伏半径，以植被点与地面的交点为树木倒伏中心，计算植被倒伏时形成的圆弧，若圆弧与导线之间的最小距离大于安全距离阈值则认为安全，反之将其作为安全

距离隐患。

③ 检索邻近的电力线剖面区段，依据步骤②中定义的安全距离检测方法将邻近区段中的地物作为安全距离计算对象，计算相邻剖面中地物到当前电力线区段的安全距离值。

④ 最终取最小安全距离作为当前电力线区段电力线与其他地物的距离，并将此距离与相关规定中对于不同电压等级线路详细规定的安全距离阈值进行对比，获取不同电压等级所对应的安全距离阈值，对安全距离超限地物进行预警，并给出具体的线路区段坐标等信息。

分析倒伏过程中距离导线的最近距离 D，并基于该距离判断缺陷等级。计算方法参考图 2-20，图中距离 D 为判断缺陷级别的依据，如果是图左边的情况，树木倒伏时会压盖到导线，则 D 为 0。

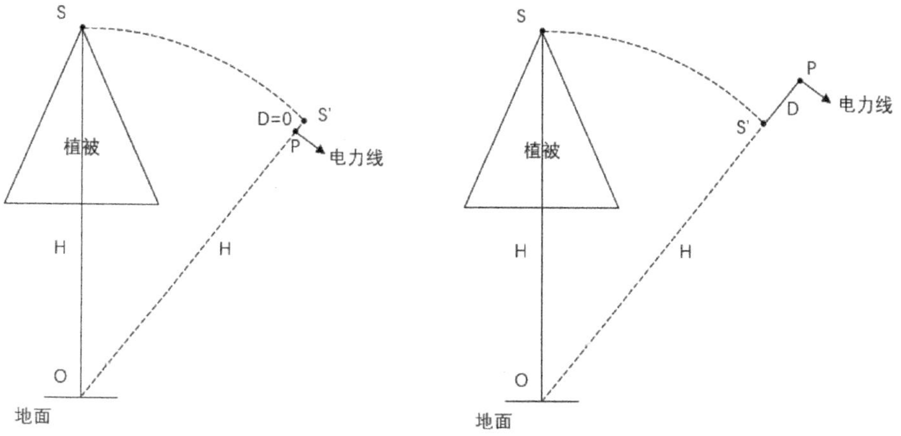

图 2-20　导线侧方植被树木倒伏缺陷分析

2.5.2　基于无人机可见光图像的配电设备缺陷智能识别技术

基于无人机可见光图像的配电设备缺陷智能识别的核心原理是基于神经网络的图像识别技术。神经网络图像识别技术是一种比较新型的图像识别技术，是在传统的图像识别方法的基础上融合神经网络算法的一种图像识别方法。这里的神经网络是指人工神经网络，它并不是动物本身所具有的真正的神经网络，而是人类模仿动物神经网络后人工生成的。在神经网络图像识别技术中，遗传算法与BP网络相融合的神经网络图像识别模型是非常经典的，在很多领域都有它的应用。在图像识别系统中利用神经网络系统，一般会先提取图像的特征，再利用图像所具有的特征映射到神经网络进行图像识别分类。

Yolov5是当前适用于基于无人机可见光图像的配电设备缺陷智能识别的神经网络图像识别算法。Yolov5与历代Yolo算法相似，使用了网格的概念，将图像划分为多个网格，每个网格负责预测一个或多个物体，简单来说每个网格都可以产生预测框。网格可以产生预测框的原因也很简单。网格内存有几个（一般为三个）预测框的模板，也就是anchor，每个anchor都有预设的宽高、坐标以及置信度。置信度表示网格内存在物体的概率。在训练过程中，真实的人工标注框的中点落在哪个网格内，哪个网格内的anchor就会朝着这个真实框疯狂“生长”或者“萎缩”，并将置信度设为1，表示anchor所在的网格有物体，其他没有预测框的anchor置信度则为0。如果把anchor与真实框之间宽高的差、坐标的差看成损失，把二元交叉熵作为置信度的损失，那么目标检测问题就会大大简化为简单的回归预测和分类问题。

第3章 配电网无人机典型应用场景

3.1 日常巡检

近年来，随着智能电网建设的不断推进，配电网无人机巡检越来越受到关注。传统的配电网巡检方式主要依赖人力，人工费时费力且难以达到全面覆盖的效果。无人机能成为新型配电网巡检工具，主要是因为它有着不同于人力的诸多优势。首先，无人机可以实现对线路及设备全方位的覆盖，得到更为丰富和准确的信息；其次，无人机配备了多种传感器和高清摄像头等设备，可对设施损坏、杆塔倾斜、电缆接头老化等问题进行精确测量和拍摄，实现远程巡检，并能进行更精准的数据采集和分析；最后，无人机配电网巡检与传统的人工巡检相比，速度快，成本低，可以为配电线路的日常维护和故障排查提供高效和精准的技术支持。

配电线路的最常见问题就是绝缘材料老化、短路和电缆的老化等，这些问题导致线路受损，从而影响供电可靠性。传统的线路巡检方式难以发现这些潜在问题，而配电网无人机巡检能更早地发现这些线路故障，以便及时检修，保证电网的正常运行。同时，无人机还可以通过热成像技术识别线路上的发热点，这种技术能快速地找到潜在故障的关键点。

图 3-1　日常巡检

图 3-2　日常缺陷

3.1.1　无人机可见光巡检

随着电网建设的迅速发展，配电线路成为电力系统中直接面向用户的关键环节，其运行状态直接影响用户的用电体验和用电安全。无人机搭载可见光摄像头，对配电网进行巡检，可以发现设备上的缺陷、异物等问题，及时进行处理和修复，提高配电网的安全性和可靠性。无人机在配电网运维中的应用越来越广泛，其中，可见光巡检是无人机的重要应用之一。通过搭载高分辨率摄像头和高精度定位系统，无人机可以在可见光范围内对电力设备进行高效、精确的巡检。无人机可见光巡检的优势如下。

① 高效性。电力无人机巡检能够快速、准确地获取电力设备的状态信息，相比于传统巡检方式，大幅缩短了巡检时间，提高了巡检效率。

② 安全性。传统巡检方式需要人工登塔、跨墙等高危作业，有安全隐患。而电力无人机巡检可以通过远程控制的方式进行操作，避免了对人员的依赖和安全隐患。

③ 精确性。配电网无人机搭载高分辨率摄像头和高精度定位系统，可以获取更加清晰、准确的设备状态信息，提高了巡检的精确性和可靠性。

④ 成本低。配电网无人机巡检可以降低人力成本和物资消耗，减少对自然资源的需求，具有较高的经济性和环保性。

图 3-3　可见光巡检

3.1.2 无人机挂载激光雷达采集点云数据

无人机激光雷达采集系统是一种结合了无人机技术和激光雷达技术的先进测量系统。这种应用场景在电力行业中具有广泛的应用价值，能够高效、准确地完成测量和监测任务。使用无人机激光雷达进行巡检，可以快速获取配电线路的精确三维信息，帮助发现线路的潜在问题。具体来说，无人机激光雷达技术有以下应用优势。

① 在配电线路通道运维方面。通过高精度的点云数据，可以检测到线路与周边环境的微小变化，如树木生长、建筑物崛起等，这些变化可能导致线路的安全问题。

② 在配电网规划方面（见图 3-4）。无人机激光雷达技术在电网规划中也有重要的应用，通过获取电网设备的精确三维模型，可以帮助电力工程师更好地理解电网设备的布局和相互关系，为电网的规划和升级提供重要依据。此外，激光雷达技术还可以用于电力设备的安装和拆卸，通过高精度的定位和测量，可以大大提高安装的精度和效率。

③ 在环境影响评估方面。电力设施在建设和运行过程中，可能会对周边环境产生影响，如电磁辐射、噪声污染等。无人机激光雷达技术可以在不干扰正常电力运行的情况下，快速获取电力设施周边环境的详细信息，为电力设施的环境影响评估提供重要数据。

④ 在应急响应方面。无人机激光雷达技术可以快速获取受影响区域的详细信息，帮助电力部门快速了解情况，制定有效的响应策略。例如，在山火导致配电线路中断的情况下，无人机激光雷达可以迅速获取山火对线路影响的详细信息，为电力部门的应急决策提供重要依据。

3.1.3 无人机带电检测

配电网无人机的带电检测是指无人机在飞行过程中，挂载特殊的传感器和设备来检测配电网中的带电设备和带电线路。这种检测可以实现对带电设备的定位、状态监测和故障诊断，提高配电网的运行安全性和可靠性。配电网无人机带电检测的一些关键技术和应用如下。

图 3-4　电网规划

① 热成像技术。无人机可以搭载热成像相机，通过红外辐射检测配电网中的带电设备和线路的温度变化。异常的温度分布可以指示设备过载、接触不良、电气故障等问题，帮助及早发现故障隐患。

② 带电检测技术。无人机可以搭载带电检测装置，通过检测电气设备和线路周围的电场和电磁辐射，判断是否存在放电现象。放电通常是设备绝缘破损或电弧放电的表现，及时发现放电现象可以避免设备损坏和事故发生。

③ 电磁场检测技术。无人机可以搭载电磁场传感器，通过检测配电网周围的电磁场强度和频谱，判断是否存在异常的电磁辐射。异常的电磁场可能与设备故障、线路短路等问题有关，及时检测可以减少故障发生。

④ 高压电缆检测技术。无人机可以搭载高压电缆检测设备，通过电磁感应或电容耦合等原理，检测埋地或架空的高压电缆的位置和状态。这种检测可以帮助定位电缆的故障点、损坏情况以及周围的电磁干扰等问题。

带电检测挂载可以使无人机在飞行过程中实现对配电网的实时监测和故障诊断，提高配电网的安全性和可靠性。通过及时发现和处理潜在的故障和问题，可以减少停电时间，降低事故风险，并提高配电网的运行效率。推动无人机在红外测温、局放检测等场景的智能化应用，利用无人机挂载专用检测镜头对架空线路及附属设施开展带电检测，具有不停电、不取样、非接触、操作安全和不受地形限制等优点，通过缩短检测距离和优化检测角度，可以实时、快速、准确对电力设备状态进行监督，提升带电检测质效。

图 3-5　红外测温

3.2　特殊巡检

3.2.1　故障查找

结合配电自动化系统信息研判故障区域，应用无人机查找线路故障可以提高效率，确保安全，并利用先进的遥感技术和数据分析方法，帮助快速准确地定位故障点。对故障研判区域，基于无人机视角高、速度快的特点，根据配电自动化故障区段信息，快速开展线路故障第一时间无人机排查，高效开展隐蔽性较强故障点查找。应用无人机红外镜头可以实现故障点精准快速查找。

针对巡视无异常的故障线路开展无人机故障后特巡，主要有以下几个特点。一是高效快速。无人机可以在较短的时间内快速飞行，并利用高分辨率摄像技术、热成像技术等设备进行实时监测和检测。相比于传统的人工巡检，无人机能够更迅速地覆盖大面积的配电线路，大大提高了故障查找的效率。二是安全性得到保障。配电线路通常存在高压电力设备和潜在的危险因素，例如高空作业、爬杆检修等。使用无人机进行线路故障查找可以避免人员直接接触危险环境，减少人身安全风险。三是视角更开阔。无人机可以飞行至较高的高度，从空中俯瞰配电线路及设备。这种高空视角可以提供更全面的信息，帮助发现线路上的异常情况，如断线、松动的连接、设备损坏等。

图 3-6 故障查找

3.2.2 无人机应急协同

将无人机应用纳入公司各系统应急协同体系，总结形成应急故障处理协同的典型工作方案。利用无人机为夜间故障抢修提供应急照明，提高故障修复效率和施工质量，应用无人机开展故障应急事件的高效勘察，通过图像实时回传，实现无人机勘察、侦测应用，为事故的处置、指挥机构提供决策支撑。

无人机在此方面目前主要发挥以下作用。一是物资运送。无人机可以用于远程物资运送，特别是在灾害发生后，道路破损或交通受阻的情况下，无人机可以搭载塔材、金具等设备物资，将其快速送达需要救援的地点，满足抢修人员的基本需求。二是通信中继，在灾害发生后，通信设施可能受损，导致通信中断。无人机可以搭载通信设备，作为临时的通信中继站，提供通信信号传输功能，帮助救援人员与受困人员之间联系和沟通。三是情报搜集和监测。无人机可以搭载各种传感器和设备，如热成像相机、气象仪器等，用于情报搜集和监测。通过收集和分析相关数据，无人机可以提供灾情评估、气象预警和环境监测等信息，辅助指挥部制定救援策略和决策。四是指导人员疏散和安全监测。通过搭载喊话器和显示屏等设备，无人机可以向受灾人员提供疏散指引和安全提示，同时监测人员疏散情况，确保人员的安全。

无人机在应急救援中的应用可以提高救援效率、减少人员风险，并为救援工作提供重要的信息和支持。然而，在实际应用中，需要充分考虑飞行安全、法律法规和隐私保护等方面的问题，并与其他救援机构和人员进行良好的合作。

图 3-7 应急照明

图 3-8 森林防火

3.3 工程应用

3.3.1 设计勘察

现阶段，无人机已广泛应用在电网勘察、规划设计等场景，提升了电网发展规划工作的智能化水平和整体决策效率。基于无人机倾斜摄影、三维地理建模研发电网规划约束条件智能识别，主动识别地形、交跨、建筑等地理约束信息，实现对规划路径的智能规划和在线校验；同时建立区域电网负荷动态分析机制，预测未来负载走向，对超容台变进行实时预警，实现台变的智能布点。

应用无人机进行设计勘察可以提供高效、准确的数据采集和分析，帮助设计师和工程团队更好地了解勘察区域的地形、环境和现状。

① 地形测量。无人机可以搭载激光测距仪（LiDAR）或摄影测量设备，用于获取地形数据。通过飞行和采集数据，无人机可以生成高精度的数字地形模型（DTM）和数字表面模型（DSM），提供地形高程、坡度、轮廓线等信息，为设计师提供基础地形数据。

② 工程测量。无人机可以进行工程测量任务，如道路测量、管线勘察和施工监测等。通过搭载测量设备和相机，无人机可以获取工程项目的精确测量数

据，包括距离、高程、体积等。这些数据可以用于设计和施工过程中的量化分析和监测。

③ 可视化展示。无人机可以用于生成三维模型和虚拟现实（VR）展示。通过采集大量的航拍图像或激光扫描数据，无人机可以生成高精度的三维模型，并可将其应用于设计可视化、项目展示和决策支持等方面。

应用无人机进行设计勘察可以提高勘察效率，减少人力成本，并提供更全面、准确的数据支持。无人机的应用还可以减少对现场的干扰和风险，同时提供更多创新性的勘察和设计方法。在应用无人机时，需要遵守相关的法律法规，确保飞行安全，并保护相关隐私和数据安全。

图 3-9　设计勘察

3.3.2　工程验收

配电网无人机工程验收，是指针对各类配电网架空线路新（扩）建、改造、检修、用户接入及用户设备移交工程，通过无人机搭载可见光变焦镜头拍摄设备关键部位照片，并对照国网典设及设备装配验收规范，最终形成验收结论。相较于传统人工登杆的工程验收方式，无人机验收拓展了验收的视角，降低了人员登杆的安全风险，验收效率提升显著。

进行无人机工程验收是非常必要的，它能够确保配电网无人机验收工作的质量，保证配电网工程验收的顺利进行。利用无人机全方位拍摄技术，针对杆（塔）上设备无死角验收，确保配电网工程零缺陷投运，为后续运维提供有力的支撑。此外，无人机在验收过程中可以实现快速响应，能够在短时间内完成大面积的检测区域，并且无人机操作相对简单，小型无人机可以在狭窄环境下进行操作。无人机能够快速、高效、安全、实时地完成验收任务。相比于传统的人工验收，无人机验收的方式对于道路损坏的检查效率更高，成本更低。无人机搭载不同口径的摄像头，可以拍摄不同角度的图像，能够突破检修人员的个人能力，及时发现线路存在的缺陷，提高工作效率，减少人工成本。综上所述，无人机工程验收具有节省成本、高效安全、实时检查等优势，所以在电力行业得到广泛应用。

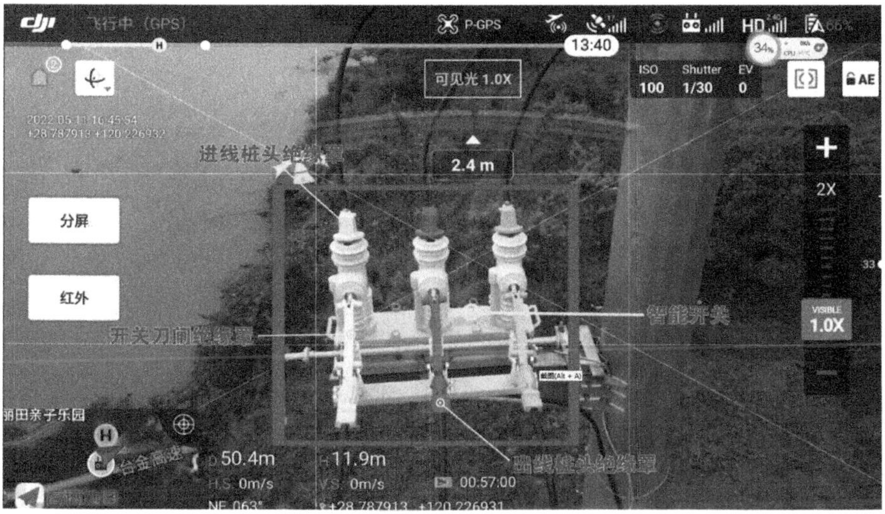

图 3-10 工程验收（界面显示）

3.4 安全稽查

利用无人机开展配电网作业现场安全检查时，可通过无人机悬停航拍的方式，对高处作业现场等检查人员无法快速到达的区域进行违章及风险情况的远程检查，确保作业施工规范和安全要求被严格执行，快速发现现场违章情况并及时纠偏，同时班组人员可通过无人机回传画面，远程进行安全作业督导（在应用无人机时，需要遵守相关的法律法规，确保飞行安全，并保护相关隐私和数据安全）。推广无人机在配电网基建现场质量监督等场景的应用，实现施工安全、质量、进度管理可视化；通过无人机智能控制系统、图像视觉识别跟随技术，开展不停电作业全过程安全监督管控；开展电力作业场景下无人机智能化的督查应用，实现电网建设现场勘查、作业人员行为智能管控、电网应急抢修指挥等场景的建设应用，增加安监远程督查盲区的覆盖范围，提升安全督查数字化、智能化水平。相比于传统的人工稽查，无人机安全稽查在稽查效率、稽查成本、稽查安全性、数据收集等方面有明显提升。

但是无人机安全稽查也存在一些局限性，如受限于电池续航、恶劣天气影响、信号干扰等因素。因此，在实际应用中，需要根据具体情况灵活选择无人机稽查和人工稽查相结合的方式。

图 3-11　安全稽查

3.5　辅助检修应用

利用无人机进行电力施工的辅助可以提高施工效率，减少人力成本，并获得更全面、准确的数据支持（在应用无人机时，需要遵守相关的法律法规，确保飞行安全，并保护相关隐私和数据安全）；需要根据实际情况选择适合的无人机设备和操作方案，确保施工顺利进行，推动基建、检修等场景的无人机应用，提升施工安全水平、质量、效率。

① 通过无人机拖放装置，实现检修材料及工器具在山区的快速运输及精准投放。应用该无人机高空直线吊装，无须砍伐树木修建运输通道，解决了山区地势复杂，人工、索道运输破坏植被，作业强度大，风险系数高等难题。无人机单趟不到 5 分钟就能精准到达指定作业位置，完成近地面低空抛投和定点降落投放，打造高效、安全、环保的山地运输新模式。

图 3-12　物资运输

② 配电网无人机牵引放线作业是指在配电网架空线路施工阶段，使用无人机牵引展放导线，减少地面放线通道开辟工作。配电网无人机牵引放线的使用，提高配电网架空线路导线的安装效率，降低人工劳动强度，实现快速、高效、安全的放线。

③ 利用无人机挂载进行驱鸟器等简易设备安装，减少高空作业风险。

④ 基于无人机开展绝缘喷涂作业，完成绝缘化改造工作。

⑤ 配电网无人机应急照明是指当出现夜间抢修或有重大突发事件，工作现场照明不满足作业要求，急需大范围、高亮度的照明辅助时，使用系留探照无人机进行夜间应急照明工作。

图 3-13　牵引线展放

图 3-14　夜间照明

3.6　配电网无人机技术参数选型

小型机一般用于日常巡检、特殊巡检、安全稽查、工程验收、故障查找等场景，需求参数如表 3-1 所示。

表 3-1　小型无人机配置要求

序号	项　目	单位	要求值
1	空机重量	g	≤ 920
2	续航时间	min	≥ 40
3	尺寸（折叠）	mm	≤ 221×97×91
4	图传距离（无干扰、无遮挡）	km	＞ 5
5	抗风等级	级	≥ 6
6	云台相机	—	三轴机械云台
7	广角可见光相机	万	像素≥ 2000，支持 4K 摄像
8	变焦可见光相机	万	像素≥ 1200，支持 4K 摄像
9	红外相机	—	分辨率≥ 640×512
			帧率≥ 30Hz
			测温精度偏差小于 2℃
10	工作温度	℃	-50
11	轴距	mm	≤ 381
12	最大起飞海拔	m	≥ 6000
13	视觉系统悬停精度	m	垂直≤ 0.1，水平≤ 0.3
14	最大水平飞行速度	km/h	≥ 72
15	避障模块	—	具有全向六方位避障模块，可探测前方 0 ～ 10m 距离以内的障碍物
16	GNSS 冗余	—	支持多套 GNSS 冗余备份

续表

序号	项 目	单位	要求值
17	卫星导航模块	—	GPS + Galileo + BeiDou
18	一体化设计	—	云台相机与飞行器一体化设计
19	电池容量	mAh	不小于 4800
20	电池数量	组	10
21	电池性能	—	具备充电过流保护、电压均衡、短路保护及电芯损坏保护等功能
22	喊话器模块	—	支持文字转语音及录音储存，可自动循环播放
23	4G 网络增强模块	—	支持 4G 链路控制无人机飞行
24	无人机行业保险	—	具备 1 年旗舰版无人机保险

【注】红外相机一般用于带电检测场景，可根据实际情况删减此要求项。

中型机一般用于施工牵引放线、应急照明、线路建模等场景，需求参数如表 3-2 所示。

表 3-2　中型无人机配置要求

设备		项目		单位	要求值
中型无人机	机身	空机重量		kg	≤ 3.6
		最大起飞重量		kg	≥ 9
		续航时间（无风环境）		min	≥ 50
		最大遥控距离		km	≥ 15
		抗风等级		m/s	≥ 15
		定位偏差	水平	m	≤ 0.1
			垂直	m	≤ 0.2

续表

设备		项目	单位	要求值
中型无人机	机身	工作温度	℃	-20 ～ 50
		定位	—	加装高精度 RTK 定位装置
		轴距	mm	≤ 900
		最大倾斜下降速度	m/s	≥ 7
		最大抗风等级	级	≥ 7
		防护等级	—	≥ IP45
		最大支持飞行海拔	m	≥ 5000
		拓展功能	—	支持 5G 通信模块拓展，可为飞行器提供图传备份链路或网络连接
		民航广播	—	具备 AirSense ADS-B 模块，可在数十千米内接收民航客机及直升机航行状态
		加密模块	—	具备 AES-256 加密技术
		冗余系统	—	配备传感器、动力系统、图传链路等多重冗余系统，最大程度保障飞行安全性
		云台挂载接口	—	支持下置双云台 + 上置单云台且支持 Onboard SDK 接口开放
		二次开发	—	支持 payloadSDK、Onboard SDK、Mobile SDK 开发接口
		FPV 视角场	°	≥ 145
		态势感知	—	可实时查看风速、航向、风向、飞机高度和速度等飞行信息，并可显示附近的障碍物，帮助快速调整航线，飞行更安全
		避障系统	—	≥ 6 向
		障碍物感知范围	m	0.3 ～ 3

续表

设备		项目		单位	要求值
中型无人机	保险	无人机及云台保险		年	≥ 1（一年内含一次免费换新）
	供电模块	电池数量		组	3
		电池容量		mAh	≥ 5900
		电池类型		Lipo	12s
		性能		—	支持电池热替换，可在作业后无须关机直接更换电池
		智能充电箱		—	最大支持放置 8 块飞行器电池、4 块遥控器电池
		性能		—	完全充满两块飞行电池约需 60 分钟，从 20% 充到 90% 约需 30 分钟
	遥控器	性能		—	支持双控模式
		屏幕尺寸		英寸	≥ 5.5
		亮度		cd/m	≥ 1000
		Wi-Fi 信号		—	支持 4G\5GWi-Fi 信号连接
	可见光红外激光智能吊舱	机身	空机重量	g	≤ 700
			防护等级	—	≥ IP44
			工作温度	℃	-20 ～ 50
			人眼安全等级	—	≥ Class1M
		变焦相机	有限像素	万	≥ 2000
			光学变焦	倍	≥ 23
			曝光补偿	—	±3（以 1/3 为步长）
			视频分辨率	—	≥ 3840×2160@30fps
			变焦倍数设置	—	支持

续表

设备		项目		单位	要求值
中型无人机	可见光红外激光智能吊舱	广角相机	有限像素	万	≥ 1200
			DFOV	°	≥ 80
			测光模式	—	点测光、中央重点测光
			视频格式	—	MP4
			视频分辨率	—	≥ 1920×1080
		激光测距仪	波长	mm	≥ 900
			测量范围	m	3 ～ 1200
			测量精度	—	≥ 0.2m+D×0.15%
		红外镜头	分辨率	Hz	≥ 640×512
			变焦倍数	—	≥ 8 倍
			灵敏度	—	≤ 50mK @ f/1.0
			测温范围	℃	-40℃～ 550℃（低增益模式）
			测温方式	—	支持点测温及区域测温
			调色盘	—	支持 9 种以上模式

第 4 章 配电网无人机巡检数据管理

4.1 管理原则及办法

无人机巡检数据包括用户信息数据、系统日志数据、系统配置管理数据、业务数据四大类数据。巡检数据管理遵循“统一存储、容灾备份、加密传输”的原则，依据《中华人民共和国数据安全法》《网络安全防护方案和互联网业务数据安全架构》等相关文件，针对配电网无人机巡检业务流程涉及的用户信息、系统日志信息、系统配置信息、业务数据等不同类型的数据，分析数据的存储位置、存储周期，并从存储安全、传输安全两方面制定安全防护措施。

无人机巡检内业作业岗应设置信息安全管理员岗位，负责信息安全管理工作，保障激光点云数据、自主巡检航线、巡检照片等含有敏感信息的数据不泄露。管控内业作业人员专用作业计算机、专用邮箱、安全移动储存介质等设备安全使用，提高作业人员网络信息安全防护能力，杜绝弱口令、默认口令、通用口令、长期不变口令等现象，严禁使用百度云盘、微信、钉钉等互联网软件存储或传输一切相关作业数据及敏感信息，涉密的文件、图片、视频等资料。所有内业人员上岗前应进行网络信息安全及内业作业流程的专业培训及教育。

4.2 数据环境及数据系统应用

4.2.1 数据调用

无人机相关数据（包括非结构化数据、图片、巡检记录等业务数据）通过物管平台以接口方式存储在互联网大区的数据库中，视频流信息通过统一视频平台传输至互联网大区侧进行实时监控。巡视数据、巡视缺陷等核心业务数据通过中台服务提交至管理信息大区的供电服务指挥系统，存储在管理信息大区侧数据库，并同步存储至中台数据库集中管理。通过数据查询接口实现业务中台基础资源数据及巡视业务数据同步至管理信息大区及互联网大区业务系统。互联网大区输变配全景智慧应用群仅通过查询接口对接业务中台，实现数据同步。

4.2.2 数据存储环境

无人机相关业务数据只允许特定服务器云端数据库存储，禁止在其他区域和客户端存储，并应定期备份，容灾存储。此外，对用户鉴别信息采用SM2等加密算法进行加密。

4.2.3 数据传输环境

使用HTTPS协议加密系统数据后，将数据传输至服务器，由服务器端进行验证，确保数据传输安全。此外，对于客户端的用户输入鉴别信息，应经过SM2等加密算法处理后，与用户账号一起使用HTTPS协议加密传输。

图4-1为数据传输流转图，图4-2为巡检图片传输流程图。

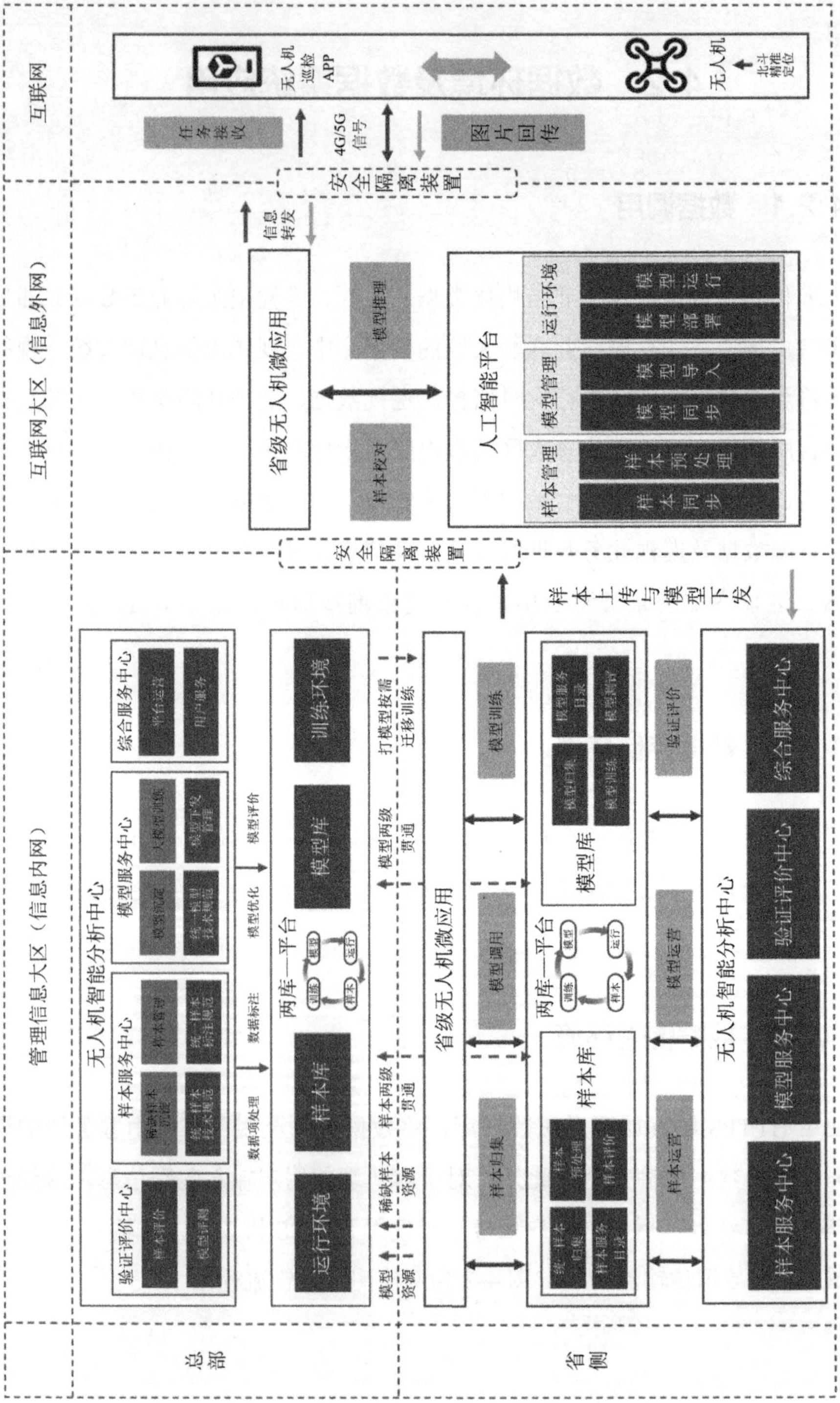
互联网
无人机巡检APP
无人机
北斗精准定位
任务接收
4G/5G信号
图片回传
安全隔离装置
信息转发
互联网大区（信息外网）
省级无人机微应用
模型推理
样本校对
人工智能平台
运行环境
模型运行
模型部署
模型管理
模型导入
模型同步
样本管理
样本预处理
样本同步
安全隔离装置
样本上传与模型下发
管理信息大区（信息内网）
无人机智能分析中心
综合服务中心
平台运营
用户服务
模型服务中心
模型沉淀
大模型训练
统一模型技术规范
模型下发管理
样本服务中心
样本管理
统一样本标注规范
稀缺样本沉淀
统一样本技术规范
验证评价中心
样本评价
模型评测
数据项处理
数据标注
模型优化
模型评价
两库一平台
训练环境
模型库
样本库
运行环境
打模型按需迁移训练
模型两级贯通
样本两级贯通
稀缺样本资源
模型资源
省级无人机微应用
模型训练
模型调用
样本归集
模型服务目录
模型测评
模型归集
模型训练
模型库
验证评价
模型运营
样本运营
样本库
样本预处理
样本评价
统一样本归集
样本服务目录
无人机智能分析中心
综合服务中心
验证评价中心
模型服务中心
样本服务中心
总部
省侧

图 4-1 数据传输流转图

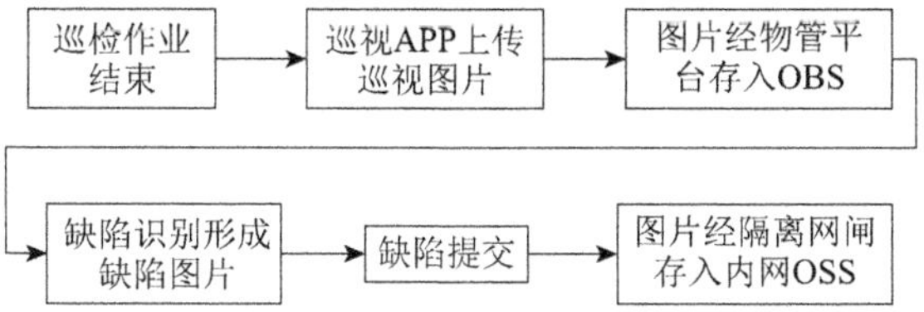

图 4-2　巡检图片传输流程图

4.2.4　存储位置与存储周期规范

1. 用户信息数据

用户信息数据包括系统用户的账号和密码信息，以及用户所在单位、班组、岗位等信息，属于敏感数据，存储于管理信息大区数据库，存储周期为长期存储。用户密码采用强密码策略，定期（3 个月）强制修改密码，长期未使用账号采用强制禁用手段。

2. 系统日志数据

系统日志数据包括用户登录日志、系统运行日志、系统报错日志、数据库操作日志等，可用于分析用户行为、系统运行异常情况、数据库存取记录等，属于敏感信息。系统日志在管理信息大区数据库和互联网大区数据库均有存储并设置严格的访问控制权限，存储周期为 1 年，定期清除。

3. 系统配置管理数据

系统配置管理数据包括系统服务包的配置信息，用户权限配置信息等，以及各类用户在系统使用过程中的一些个性化配置。存储于管理信息大区数据库，存储周期为长期存储。

4. 业务数据

台账类业务数据，如飞手台账、设备台账、电网资源台账，涉及人员信息、设备资产信息，属于敏感数据，统一存储于管理信息大区电网资源业务中台，存储周期为长期存储。结构化业务数据，如巡视计划、巡视记录等，统一存储于管理信息大区电网资源业务中台，存储周期为 3 年，定期清除。非结构化业务数据，如无人机采集的激光点云数据、巡视图片、缺陷图片、缺陷报告等数据，在互联网大区 OBS 数据库进行暂存，存储周期为 3 个月，定期清除；在管理信息大区 OSS 数据库存储周期为 3 年，定期清除。此外，建立机巡数据管理规范化流程，机巡数据管理采用“分级录入、集中存贮、共享服务”的模式。

配网无人机管控平台主要包含互联网大区 OBS 数据库、管理信息大区 OSS 数据库及文件存储服务，包含飞手台账、无人机台账、计划任务、任务单、机巢数据、巡视图片、巡视记录、航迹记录、缺陷图、缺陷报告、成效统计等数据。其中巡视图片、缺陷报告等巡检数据需回传至管理信息大区供电服务指挥系统，进行消缺处理闭环后，将归档数据保存至业务中台。

图 4-3　图像数据管理

4.3　点云及航线数据应用

4.3.1　深化激光点云数据应用

激光点云数据的深度应用包括：基于激光点云开展通道分析、航线规划、基础台账校准；拓展无人机在森林防火、应急抢险等场景的多维应用，推进无人机与红外测温、局放检测、射频识别等技术深度融合，提升配电设备运行状态感知能力和前端识别能力；根据现场作业环境、巡检作业任务，结合激光点云数据智能分析，实现无人机航线动态管理、多机综合调度，提升整体巡检效率；基于国网典设及设备装配工艺规范，完成配电网设备标准化建模，智能比对无人机现场采集设备参数，支撑配电网工程数字化验收配电网。

4.3.2　自主巡检航线管理

无人机自主巡检航线于 PMS3.0 统一工作台运维管理微应用群进行管理，遵循国家数据安全法律法规和地理信息数据保护相关规定以及国网公司《数据安全总体方案》，坚持人防与技防并重、管理与技术并重，符合地理信息数据“采、传、存、用、销”全过程的安全防护要求。航线数据包括起飞点、巡检点，起飞点包括起飞点名称、起飞点坐标、电压等级、运维单位、线路名称、支线名称等字段，巡检点包括巡检点名称、电压等级、线路名称、支线名称、巡检点坐标等字段。此类数据通过数据库约束条件实现完整性保护，使用 HTTPS 协议保证数据传输过程不被篡改，存储周期为长期存储。

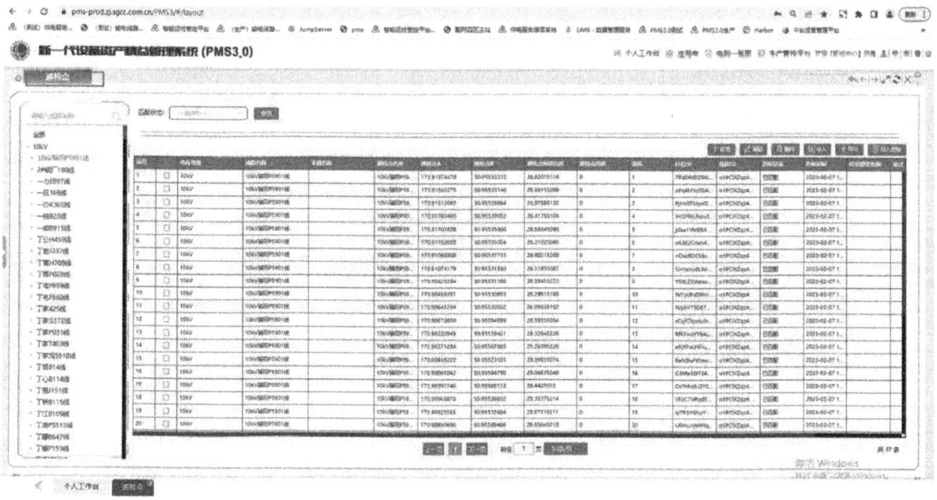

图 4-4　自主巡检航线管理

通过获取激光点云数据，并结合基站数据、惯导数据以完成激光点云的预处理工作。根据杆塔模型数据、相机参数及无人机参数信息，结合航线规划专业知识，按照国标拍摄规则《国家电网公司架空输电线路无人机巡检影像拍摄指导手册》自动生成拍摄点位置与拍摄角度，经系统性安全检查后按顺序编号导出电力巡检航线规划文件。航线规划应满足以下要求。

① 巡检人员根据收集的线路坐标、杆塔高度、塔形、通道长度等技术参数，下载、更新巡检区域地图，结合现场勘查所采集的资料，针对巡检内容合理制订飞行计划，确定巡检区域、起降位置、方式及安全策略，并对飞行作业中应规避的区域进行标注。

② 航线规划应避开军事禁区、军事管理区、空中危险区和空中限制区，远离人口稠密区、重要建筑和设施、通信阻隔区、无线电干扰区、大风或切变风多发区，尽量避免沿高速公路和铁路飞行。

③ 首次飞行的航线应适当增加净空距离，确保安全后方可按照正常巡检距离开展作业。若飞行航线与杆塔坐标偏差较大，应及时修正航线库。

④ 根据飞行高度、成图比例尺、点云带宽、点云密度、无人机巡航速度、测区地形，进行参数设置，自动生成作业参数，一键配置。航线规划完成，

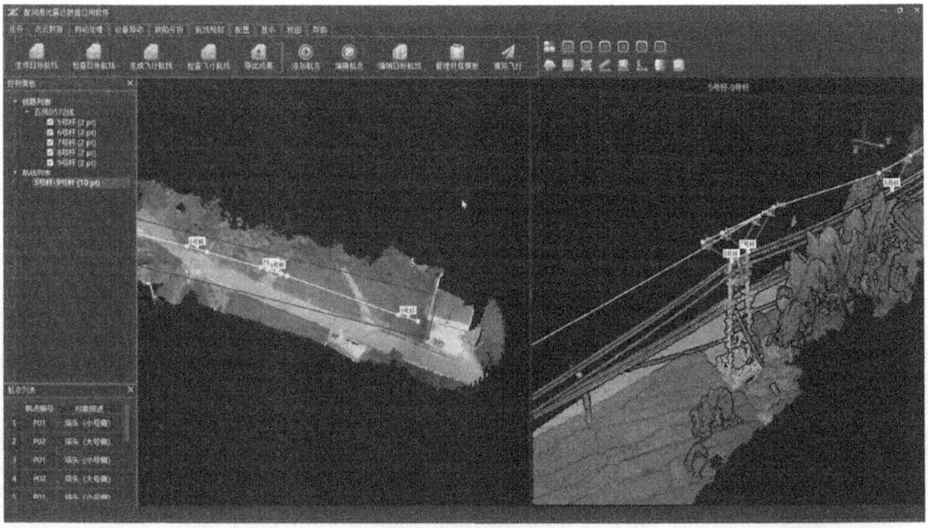

图 4-5　航线规划

经作业人员全部审核通过后，将规划好的航线数据存储于省级无人机管控平台的航线库中，对已作业的航线及时存档、更新，并标注特殊区段信息（线路施工工程建设及其他影响飞行安全的区段）。

4.4　无人机巡视图像管理

配电网无人机巡视产生的可见光图片、红外图片、点云数据等非结构化数据于互联网大区输变配全景智慧应用群数据分析模块实现线上统一管理与分析。其中无人机巡视图片信息应包含线路名称、图片名称、拍摄时间等字段信息。

作业结束后作业人员可以通过以下两种方式将图像上传至省级无人机管控平台：①通过浙江配电 APP 上传的可见光图片及红外图片经物管平台上传至互联网大区 OBS 数据库；②通过 PC 进行数据上传，需作业人员手动关联作业任务信息或电网资源设备信息。无人机巡检的图像存储周期为 3 个月，定期清除。图像上传至平台后会自动调用智能识别算法进行设备线路缺陷分析，经过算法模型处理后的预警缺陷信息进入预警单管理模块，人工进行复核后确认存在缺陷的图片经隔离网闸上传至管理信息大区 OSS 数据库，存储周期为 3 年，定期清除。

图 4-6　缺陷图片标注

图 4-7　成效分析

第 5 章 配电网无人机设备管理

无人机及设备应由专人进行维护和管理，负责无人机、机巢、挂载及其附件的性能检修、定期保养升级、配件更换等工作。无人机纳入安全工器具仓库管理，设备管理人员负责无人机的使用管理、出入库登记、清洁保养、报修报废等工作。

5.1 无人机设备管理措施

无人机设备管理人员应采取以下措施来做好无人机设备台账管理，以确保库存无人机设备账、码、物一致，为无人机设备的安全运行和支撑配电网多场景应用提供保障。

5.1.1 建立台账管理制度

无人机设备管理人员应建立无人机设备台账管理制度，并严格按照制度操作。制度应包括设备基础信息登记、设备存放地点的规范化管理、设备日常维护保养记录等内容。制度可结合公司内部实际情况制定，确保各项内容得到落实。

5.1.2 设备基础信息登记

无人机设备管理人员应对所有无人机设备进行基础信息登记，并录入信息管理系统中进行统一管理。基础信息登记应包括设备品牌、型号、序列号、配置、使用时间等内容，以方便日后的查询和统计。

5.1.3 设备存放地点的规范化管理

无人机设备管理人员应对无人机设备的存放地点进行规范化管理。规范化管理的具体内容包括设备的使用、存放、维护、维修等准则。例如，应将无人机设备分门别类，将其单独存放，并保持存储环境的良好状态，以增加设备的使用寿命。

5.2 无人机的简单维护与保养

无人机的简单维护与保养工作对于设备的安全运行和可靠性非常重要。对经常使用的无人机进行维护与保养，在减少无人机突发故障的同时，还可以延长无人机的使用寿命，降低维修或更换设备的费用。无人机设备管理人员应依据维护保养流程，对无人机设备进行日常维护保养，并记录在设备台账中。同时，还应建立设备定期维修记录，以保证无人机设备的可靠性和稳定性。这可以有效降低设备故障率，延长设备使用寿命，以及节省维修成本。设备管理人员和无人机使用人员，应懂得以下基本的无人机简单维护和保养的方法。

5.2.1 上电检查

① 进入 APP 后进行自检，查看无人机是否出现异常情况。

② 检查飞行器固件版本，检查遥控器固件版本。

③ 检查是否存在视觉系统需要标定。

④ 检查是否存在指南针需要校准。

⑤ 检查是否存在 IMU 异常，需要校准。

⑥ 检查飞行器传感器状态。

⑦ 检查遥控图传信号强度。

5.2.2 常规功能检查

1. 云台部分

① 转动云台，判断其是否能正常转动，是否出现卡顿或者异响；对云台进行校准。

② 检查使用遥控控制云台俯仰是否正常。

③ 在 APP 上对云台进行校准。

2. 遥控部分

① 检查遥控器是否能正常开机，是否能正常充电，按键、天线是否有缺失或者破损。

② 检查遥控器能否正常连接无人机。

③ 对遥控器方向杆进行校准。

3. 机身部分

① 转动电机，检查电机是否有卡顿或异常，APP 上是否有报错提示。

② 检查机臂上螺丝是否松动、脱落，机臂连接是否有卡顿或者松动。

③ 检查电池仓口内是否有脏污、水渍或腐蚀痕迹，按钮下方弹出是否卡顿，锁紧电池时是否正常弹出。

④ 检查飞行器散热口是否通畅，无阻塞，散热风扇是否有卡顿或异响。

⑤ 检查带 RTK 无人机能否正常连接 RTK；室外是否能搜到卫星信号，是否能够正常起飞；RTK 是否完好。

⑥ 检查 SD 卡是否读取正常。

⑦ 检查状态指示灯是否正常闪烁。

⑧ 检查 FPV 摄像头是否正常工作，外观是否有破损。

⑨ 检查云台减震球是否缺失、老化、破裂。

4. 镜头部分

① 对挂载镜头进行相机标定。

② 检查红外镜头图像是否清晰，对焦测温是否正常。

③ 查看相机能否正常拍摄，变焦镜头能否正常变焦，双光镜头能否正常切换。

④ 测试录像拍照是否正常。

⑤ 检查云台保护罩是否有缺失。

5. 电池及其附属配件

① 检查桨叶、脚架及附属配件是否完好，有无磨损；对磨损的桨叶、脚架进行更换。

② 检查附带电池是否有鼓包、充不了电、漏电等情况及破损迹象，检查电池接口处是否存在污损或破损。

③ 查看电池电压是否正常，电池循环数是否达到200次以上或者使用12个月。

④ 对电池进行充放电，使电池避免因过度放电而损坏。

5.2.3 维护保养

① 检查飞行器、云台所有螺丝是否有松动、脱落、锈蚀的迹象。

② 用清洁刷清理机身及云台的灰尘，用镜头纸擦拭镜头镜片。

③ 对无人机打蜡，保持漆面亮新，防止机身老化。

④ 如提示“飞行次数过多，需要标定”，则进行视觉系统标定。

⑤ 如固件低于最新固件两个版本，应升级至最新版本。

⑥ 如APP版本过低，应升级至最新版本。

⑦ 维保后把无人机放在防潮箱，使环境防潮、防霉、防氧化、防锈、吸湿等。

5.2.4　飞行测试

① 飞行升高 50 米测试。检测无人机卫星信号是否正常，APP 上数传是否正常。

② 飞行拉距 100 米测试。检测无人机图传信号、GPS 信号是否正常。

③ 八面悬停测试。检测无人机是否能正常悬停，是否出现偏移。

④ 飞行姿态切换测试。检查是否能正常切换无人机的姿态模式。

⑤ 避障测试。检测无人机避障是否正常。

⑥ 拍照及照片存储功能测试。检查无人机是否正常拍照，是否正常存储。

5.3　出入库管理

无人机的出入库管理是无人机设备管理中的重要部分，要加强无人机设备的存储、发放、维护管理，建立详细的出入库记录，实现对无人机设备的有效管理和控制。这不仅可以保护现有设备的安全，也能避免无人机设备浪费或无法追溯等问题的发生。

5.3.1　建立出入库管理制度

无人机设备管理人员应当制定无人机出入库管理制度，制定物品领用、借用、归还等标准化操作规范，规范出入库程序和流程。

5.3.2　记录出入库信息

无人机设备管理人员应当记录每一次无人机的出入库信息，包括无人机的名称、型号、数量、领用人、领用时间、归还时间等详细信息，起到溯源追查以及后期管理的作用。要对记录信息进行分类和归档，便于后期对出入库情况进行统计和分析。

5.3.3 加强无人机设备存储管理

无人机设备的存储管理是无人机出入库管理的重点。要将无人机设备按照种类、型号、规格等信息进行分类，并按照相应的标准进行摆放，存储环境要保持干燥、卫生，防止无人机设备遭受损坏。

5.3.4 控制无人机设备的发放

无人机设备管理人员应当制定明确的发放标准和流程，对领用无人机的人员进行资格审核和授权审核，要求领用人员填写出入库单、设备名称、数量、领用人、领用时间等详细信息，提醒领用人员在无人机的使用过程中注意保护设备，防止损坏设备。

5.4 无人机报修及保险管理

无人机报修及保险管理对于保障无人机设备安全、正常运行和用户在无人机使用中的权益都具有非常重要的意义。因此，在无人机设备管理中，应充分重视无人机的报修和保险管理，建立相应的流程和机制，并及时与作业人员沟通和交流，为无人机设备的正常使用和维护提供更好的保障。

5.4.1 无人机报修

无人机设备使用人员在作业过程中如发现无人机设备硬件或相关系统软件故障，应及时停止作业，上报本单位维保负责人，并填写无人机故障分析表，配合无人机设备管理员进行后续报修工作。

5.4.2 无人机保险

在无人机的使用和管理中，可能发生无人机损坏以及由此而来的一系列责任问题，需要考虑无人机的保险问题。无人机保险应涵盖无人机设备损坏、第三者责任等。在配置无人机设备时，应同步对无人机设备投保，并明确保险金额、保险期限、理赔时间、理赔标准等细节问题；同时，还应及时了解保险的有效性，保险理赔申请的流程和标准，并对无人机设备维修产生的理赔记录进行登记。

5.5　无人机的报废

对存在严重事故隐患，无改造、修理价值的无人机设备，应当及时予以报废。无人机设备报废时，应办理相关报废手续。以下是无人机的报废处理方法。

5.5.1　确认报废原因

在进行无人机设备报废操作前，需要进行原因排查和确认。比如设备由于故障或磨损而无法正常工作，严重影响作业效果，不能继续使用，需要进行仔细确认，并在评估后决定是否报废。

5.5.2　对设备进行分类

需要设备管理人员对设备按照是否还能修复和重新使用进行分类。可从无人机设备的现状、成本、使用情况等多个角度进行判断，以便做出更明确的报废决策。对于部分可以修复或重新使用的无人机设备，在进行修理和重新使用前应再次审核和检验，以确保无人机设备的正常和安全使用。

5.5.3　对设备进行回收

对于无法修复的无人机设备，由运检管理部门出具资产报废鉴定表后，由资产管理单位进行回收。报废设备回收是非常重要的，可以避免设备在报废后再次被投入使用的情况发生。

第 6 章 配电网无人机外业安全管理

配电网无人机外业安全管理是指在配电网无人机业务中使用和管理无人机时，应遵守一系列规定和要求，通过相关规定保障无人机操作的合规性和无人机设备的安全使用，避免人为的违法违规飞行以及因操作不当造成的人身伤害、财产损失。

6.1 准入安全管理

准入安全管理是配电网无人机工作中通过实名认证、设备登记、考核评价等方式，对无人机作业前人员、设备、环境应当具备的安全作业条件和安全许可认证的管理要求，是工作开展的前提。

6.1.1 登记管理

作业人员须在供电服务指挥系统进行飞手信息登记、无人机信息登记，做好人员及设备台账登记管理；同时根据《无人驾驶航空器飞行管理暂行条例》的要求，民用无人机所有者应当依法进行实名登记。

6.1.2 空域管理

配电网无人机作业应当遵守相关法律法规，包括《中华人民共和国民用航空法》《中华人民共和国飞行基本规则》《通用航空飞行管制条例》《无人驾驶航空器飞行管理暂行条例》等，作业前向上级机巡中心逐级报备巡视计划，报备通过后方可按照作业要求办理空域申请手续及当地公安报备流程。

空域申请、流程申请一般提交到所在区域航管处，无人机提交空域使用申请需要提交以下材料。

① 飞行计划申请函（申请单位正式函件，内容包括：任务描述、执行单位、无人机型号、任务性质、飞行区域、飞行高度、起降点、空域使用日期、安全责任、相关承诺以及联系方式）。

② 飞行任务来源。

③ 飞行执行单位（公司介绍、业务范围、资质证明等）。

④ 操作人员信息。

⑤ 无人机信息（包括实名登记资料、参数性能、实体机照片、控制方式等）。

⑥ 无人机保险以及任务相关材料。

无人机空域使用申请材料选交上去后，航管处要进行审核，审核周期短则1个星期，长则1个月。批复后会得到一个正式红头文件，拿到批文后还要进行以下工作。

① 与管辖空域的航管处签订飞行保障协议。

② 向飞行当地的公安进行报备。

③ 完成飞行计划申请，在飞行前一天向航管处上报次日的飞行计划并预留当天现场负责人联系方式。

④ 飞行当天的起飞前和飞行后要按保障协议要求向当地航管处报告飞行情况，整个巡检实施过程中要确保障电话畅通，方便航管处随时联系。

无人驾驶航空器飞行审批流程（以衢州市为例，其他地区参考执行）如下。

① 实名登记：单位购机后，应在辖区派出所，或在“浙里办”APP进入“衢州公安”微信公众号，或直接在“浙江衢州公安”微信公众号“在衢飞”服务端口自主登记。

② 空域申请：向××部队参谋部航空气象处（航气处）进行空域使用权

限审批。

③ 飞行计划审批：飞行前至少在飞行计划当日前一天的10时前通过“浙江衢州公安”微信公众号“在衢飞”服务端口向属地县市区公安机关情报指挥中心（情指中心）申报次日飞行计划。

④ 县市区公安局情指中心对飞行计划进行审核后将飞行计划及审核意见报衢州市公安局情指中心。

⑤ 衢州市公安局情指中心将飞行计划及属地公安局审核意见分别推送至部队飞行管制室（飞管室）和衢州民航航管部。

⑥ ×× 部队飞管室对飞行计划进行审批：如予批准，推送至衢州机场公司航务管理部；如不予批准，通过电话通知申请人并告知衢州机场公司航务管理部。

⑦ 衢州机场公司航务管理部对飞行计划进行审批，如予批准，由衢州机场公司航务管理部将部队、机场、公安三方对飞行计划的审批意见通知申请人，并将三方联审意见告知市公安局情指中心。

⑧ 申请人还应于当日飞行前1至2小时向 ×× 部队飞行管控室提出申请，部队同意后推送至衢州机场公司航务管理部核准，并由衢州机场公司航务管理部通过电话通知申请人可以起飞。申请人飞行结束后，还应第一时间向 ×× 部队飞管室报告落地地点和时间。

无人机作业应根据《无人驾驶航空器飞行管理暂行条例》等规定申请使用空域，接受飞行活动管理和空中交通服务，保证飞行安全。无人机作业时实际飞行作业范围不应超过批复的空域。在办理空域审批手续时，应按实际飞行空域申报，不得扩大许可范围。

在作业飞行过程中无人机管控室应与相关管制单位建立可靠的通信联系，及时通报情况，接受空中交通管制。无人机作业发生不正常情况，并且可能影响飞行安全和公共安全时，应当立刻向相关管制单位报备。各无人机管控室应建立空域申报协调机制，满足无人机应急作业时空域使用要求。

6.1.3 资质管理

作业人员应具备架空配电线路运行维护工作经验，了解航空、气象、地理等相关知识，掌握无人机理论及技能，具备必要的安全生产知识，学会紧急救护法。

作业人员应接受相应的安全生产教育和岗位技能培训，在取得无人机操作手证书或民航无人机驾驶员证书后，通过培训中心配电网无人机巡检操作培训，经考试合格上岗（配电网巡检准入要求）。

作业人员使用无人机设备应按要求进行实名登记，具备安全飞行资质。

6.2 工作任务单制度

配电网无人机作业应使用工作任务单，工作任务单是准许无人机在配电线路及设备上工作的安全保障组织措施。

6.2.1 计划申报制度

工作负责人应提前将无人机工作计划上报无人机管控室，无人机管控室根据工作计划按权限逐级上报至各级机巡中心，必要时填报空域需求申请。

6.2.2 现场勘察制度

工作负责人和无人机飞手应提前掌握需要飞行作业的配电线路走向和走势、交叉跨越情况、杆塔坐标、周边地形地貌、空中管制区分布、交通运输条件及其他危险点等信息，并确认无误。应提前确定并核实起飞和降落点环境。

工作负责人认为有必要进行现场勘察的作业场所，应根据工作任务组织现场勘察，并填写配电线路无人机作业现场勘察记录单（见附录）。对复杂地形、复杂气象条件下或夜间开展的无人机作业以及现场勘察认为危险性、复杂性和困难程度较高的无人机作业，应专门编制组织措施、技术措施、安全措施，纳入相关配电工作票中，并履行相关审批手续后方可执行。

6.2.3 工作监护制度

工作负责人应始终在工作现场，时刻观察工作现场地形地貌、气象条件、许可空域、现场环境以及无人机状态，对无人机飞手的安全进行认真监护，及时纠正不安全的行为。

工作期间，工作负责人若因故暂时离开工作现场，应指定能胜任的人员临时代替，离开前应将工作现场交代清楚，并告知工作班全体成员。原工作负责人返回工作现场时，也应履行同样的交接手续。

6.2.4 工作许可制度

工作负责人应根据工作任务单在工作开始前向无人机管控室申请工作许可，在得到工作许可后，方可开始工作。无人机管控室及工作负责人应分别逐一记录、核对工作时间、作业范围和许可空域，并确认无误。

复杂无人机作业须纳入工作票中，由工作许可人许可该项无人机工作后方可开始作业，工作负责人得到无人机管控室或工作许可人的许可后，向无人机飞手说明工作内容和现场安全措施等，进行危险点告知。在无人机飞手全部履行确认手续后，许可无人机飞手开始工作。

6.2.5 工作间断制度

在工作过程中，如遇雷、雨、大风以及其他情况威胁到作业人员或无人机设备的安全，工作负责人可根据现场情况间断工作，在工作任务有效期内恢复工作，否则应终结本次工作。

在工作任务有效期内但尚未终结的工作，当空域许可情况发生变化，不满足要求时，工作负责人可根据现场情况间断工作，在工作任务有效期内恢复工作，否则应终结本次工作。

6.3　应急事件处理安全措施

由于无人机飞得高、飞得远，又依赖通信和现场环境，容易出现一些突发意外情况，如信号丢失、天气环境突变，或者意外碰撞等，导致坠机伤人损物的事件发生。

配电网无人机应急事件处理的安全措施管理要求就是最大程度地避免应急事件发生，减少应急事件发生的不良后果，妥善处理应急事件发生后的次生问题，避免舆论产生。

配电网无人机作业过程中的应急事件主要分为以下几类：设备故障、信号丢失、炸机、作业人员不适、环境突变。

6.3.1　设备故障处理措施

1. 遥控器故障

无人机在空中飞行时因遥控器故障无法操控，此时遥控器摇杆操作无反应，显示屏未显示无人机图传画面、信号状态、地理位置，可尝试点击遥控器“一键返航”开关或在屏幕内选择“一键返航”，疏散起飞点周边人员设备，待其返回起飞点上空使无人机降落。

2. 无人机设备出现故障，但未失控

在巡检作业时，无人机设备出现故障且无法恢复，影响巡检作业，但未失去飞行动力，遥控器仍可正常操控，此时立即中止本次任务，在目视范围内操控无人机飞回至起飞点进行降落；若超出目视范围，悬停无人机待人员靠近至可视范围，操控无人机在就近安全区域降落。

3. 无人机设备出现故障，且失控

在巡检作业时，若无人机设备出现故障且无法恢复，无人机难以操控，影响巡检作业，无人机甚至呈现出现自旋、漂移等不安全姿态，此时应保持镇静，仔细观察飞行器情况，降低油门，轻微调整拨杆，使得飞行器趋于平稳以免坠毁或伤人，尽可能控制其降落在安全区域；若仍不可控，现场辅助人员通知附近人员，做好规避措施。

4. 无人机电量不足

当检测系统显示电池低电量警报时，立即中止本次作业，手动返回或启动自动返航系统，控制无人机在安全区域降落；若返航时电量已无法满足返程，就近选择安全地点手动降落，以防炸机事故发生。

6.3.2 信号丢失处理措施

配电网无人机作业过程中，最容易发生信号丢失情况，主要是图传信号丢失及数传信号丢失。造成此类情况的原因一般有以下几点：遥控器天线未展开或朝向错误；作业范围内遥控器与飞机间有建筑物、丘陵遮挡；无人机超出遥控器信号范围；遥控器与巡视平板电脑连接不稳定。

1. 遥控器发生弱信号情况

当无人机遥控器接收图传画面卡顿不清或无法接收到图传画面，遥控器显示画面为灰色，此时图传信号及数传信号格未满格或全空，为发生遥控器弱信号或信号丢失情况。此时我们要检查遥控器天线朝向，将遥控器天线的发射面朝向无人机，观察信号是否恢复。检查遥控器与无人机之间是否有建筑物、丘陵遮挡；如果有，及时调整位置，保证遥控器与无人机有效连接。

2. 遥控器图传信号丢失，数传信号未丢失

当无人机遥控器无法接收到图传画面，遥控器显示画面为灰色，此时图传信号格全空，数传信号格未满，但仍可以操控无人机。此时应在目视距离内使无人机飞近遥控器，以恢复图传信号。数传信号丢失一般在图传信号丢失后发生，应当尽量避免。

3. 遥控器图传信号和数传信号都丢失

无人机在作业前，根据作业地形环境设置好自动返航策略，若发生遥控器信号、图传信号“双丢”情况，遥控器无图像及信号画面，应尽量避免操作

摇杆，耐心等待片刻，无人机会自动返航。无人机丢失信号后，需要有几秒钟的判断时间，此时无人机处于悬停与调整航向的状态，等无人机回到可控范围内，重新控制飞机返航即可。

4. 遥控器突然信号丢失

无人机作业过程中，突然发生遥控器图传信号及数传信号“双丢”情况，极有可能是数据线接触不良问题，此时可重新插拔遥控器与手机（平板电脑）的连接线，重启APP，尝试是否能够连接成功，连接成功后控制无人机返航即可。

6.3.3　炸机处理措施

无人机作业过程中因操作不当或机器故障等因素导致无人机不正常坠地，坠地后无人机损伤较严重，影响了内部结构，或坠地后完全被摔碎分解，导致完全无法飞行，这种情况叫炸机。在作业过程已无法避免炸机的情况下，飞手应在无人机触地前掰杆关桨，避免电机仍在转动造成二次伤害。作业人员在发生坠机事故后应立即上报无人机管控室，并迅速根据掌握的无人机最后地理坐标位置或机载追踪器发送的报文等信息及时寻找，确认无人机的损害情况以及造成的第三方损失，并妥善处理无人机残骸以防止次生灾害发生，事后出具炸机事故报告至无人机管控室。

各无人机管控室须结合当地情况，提前建立完善的事故后应急预案，在事故造成人身伤害、财产损失时应积极主动跟进事故处理，及时进行民事协调，做好舆情监控。

1. 炸机丢失

无人机发生炸机事故，若在发生事故后第三天还未找到无人机残骸，则认定为炸机丢失，应出具详细的事故报告，描述发生炸机事故的具体过程、发生炸机事故的原因和无法找到残骸的原因，反馈至无人机管控室。

2. 炸机造成第三方损失

无人机发生炸机事故，且发生坠机伤人情况，工作负责人应立即拨打急救

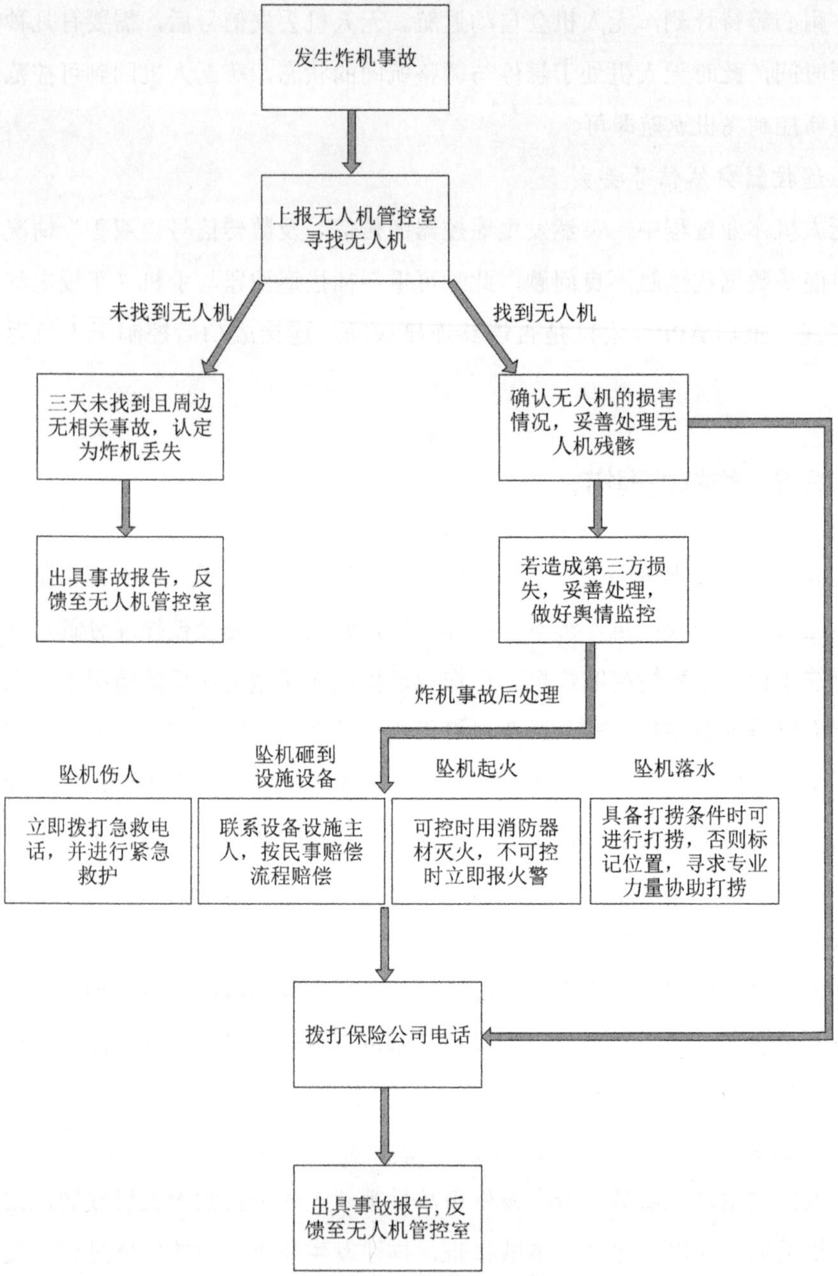
发生炸机事故
上报无人机管控室
寻找无人机
未找到无人机
找到无人机
三天未找到且周边无相关事故，认定为炸机丢失
出具事故报告，反馈至无人机管控室
确认无人机的损害情况，妥善处理无人机残骸
若造成第三方损失，妥善处理，做好舆情监控
未造成第三方损失
炸机事故后处理
坠机伤人
坠机砸到设施设备
坠机起火
坠机落水
立即拨打急救电话，并进行紧急救护
联系设备设施主人，按民事赔偿流程赔偿
可控时用消防器材灭火，不可控时立即报火警
具备打捞条件时可进行打捞，否则标记位置，寻求专业力量协助打捞
拨打保险公司电话
出具事故报告,反馈至无人机管控室

图 6-1 炸机事故处理

电话，维护好现场秩序，记录现场情况，反馈至无人机管控室，飞手配合进行紧急救护。

无人机发生炸机事故，坠机砸到电力设施设备造成线路设备异常运行，工作负责人应立即拨打调度电话告知现场情况，维护好现场秩序，记录现场情况，反馈至无人机管控室，飞手配合开展相应事故处置。

若坠机砸到非电力设备设施，工作负责人第一时间上报管控室，联系设备设施所有人进行现场处置，进行初步民事协调，记录现场情况，做好现场舆情监控。

若坠机起火，火灾可控情况时，用沙土构筑隔离带后采用消防器材灭火；当火灾不可控时，工作负责人立即报火警，设置好警戒线，现场处理完毕后记录现场情况，做好舆情监控。

若坠机落水，现场具备打捞条件，在保证人身安全的前提下组织打捞，无人机收回后立刻拆开机身电池，断开电源开关，工作负责人现场处理完毕后记录情况；若现场不具备打捞条件，保护现场，标记落水位置，寻求专业力量协助打捞，记录现场情况。

6.3.4 作业人员不适处理措施

作业人员长时间进行巡视工作导致疲劳操作，须及时休息或更换作业人员。

作业过程中作业人员突发不适，应及时更换作业人员。若无其他作业人员，应根据飞手状况间断或停止作业，无人机就近在安全区域降落，结束任务；现场若有其他飞手，且原作业人员无身体急性异常，可稍作休息，变更作业人员后继续执行任务。

若现场作业人员突发休克等急性异常，工作负责人立刻接控、悬停无人机并开展紧急救护，拨打120急救电话，待人员情况稳定后使无人机自动返航或控制无人机在安全区域降落。

6.3.5 环境突变处理措施

1. 天气突变应急处理

以下天气禁止起飞：5 级以上大风；能见度百米以内的大雾、雷雨、冰雹、扬沙。若在飞行途中遭遇以上天气，应尽快降低无人机飞行高度，及时控制无人机返航或就近选择安全地点降落，以确保设备、人员安全。

2. 空域临时变更应急处理

无人机管控室应对计划开展的任务区域加强空域情况监管，若在无人机作业飞行过程中，民航军管部门对作业区域发出空域临时变更的通知，且通知生效时无人机尚处在飞行作业过程中，无人机管控室接到通知后，应第一时间通知现场负责人，要求停止执行任务，尽快控制无人机在安全区域紧急降落。

总之，配电网无人机外业安全管理是配电网无人机人员、设备及作业管理的基本原则和要求，是无人机安全和可靠作业的重要保障，各单位在开展配电网无人机作业时都应遵守相关规定和标准，落实好各项安全管理规定，确保无人机的安全及合规性使用。

第 7 章 班组建设

7.1 配置要求

各地市、区（县）公司无人机综合管控室应实体化运转（例如丽水公司各区县在输变电运检中心下设无人机综合管控室）。

管控室应配置不少于 2 人（设备主人可轮岗）的无人机管控室，下设现场作业及装备管控组、作业计划及执行质效管控组、航线规划及样本库管控组及作业安全监控组，推行“运检决策、供指协管、管控室把关、站所执行”流程机制，依托“供服系统 + 互联网大区”开展业务管控；负责 10 千伏线路建模、航线规划、大（中）型无人机管理、巡检计划及缺陷闭环管控，负责协助指导供指中心开展相关配电网无人机智能巡检业务管控工作。协调解决各运行单位在机巡过程中发现的问题；协助设备管理部门，核查各运行单位巡检质效；统筹安排各生产单位、设计、施工等单位的无人机飞手取证和飞行业务相关培训指导工作；负责公司层面所有无人机的备品备件、维修保养管理。参加公司布置的其他抢险救灾工作，以及特殊时期的线路特巡。负责协助指导无人机在配电网设计、工程验收、安全稽查、故障特巡等业务中的应用。

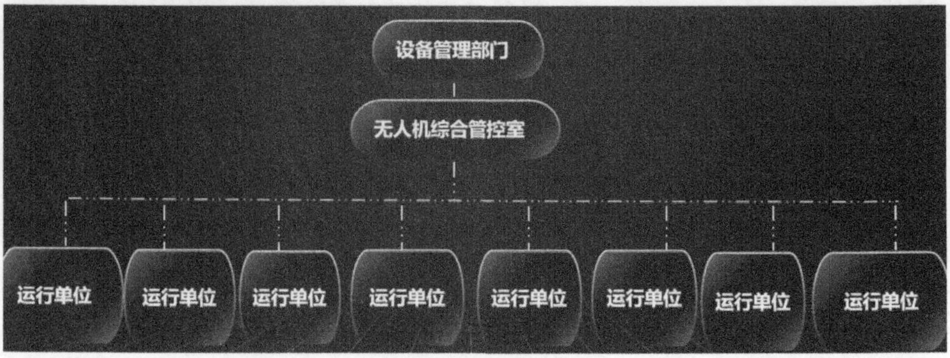

图 7-1　组织架构

7.2　管理要求

班组应建立安全管理制度，确保无人机的飞行安全和数据隐私。管理要求包括以下几个方面。

① 班组组织与架构。建立清晰的班组组织结构，明确各个成员的职责和权限。可以设立班组负责人或班组经理，负责协调和管理班组的工作，确保班组成员之间的协作和沟通顺畅。

② 工作流程和标准操作规程。制定明确的工作流程和标准操作规程，包括任务接收、任务执行、数据收集、数据分析等各个环节的操作流程和规范；确保每个成员都清楚自己的工作职责和任务要求，提高工作效率和质量。

③ 任务分配与协调。根据任务需求和成员的技能和经验，合理分配任务和工作量，确保任务的及时完成；协调班组成员之间的工作安排，避免任务冲突和重复劳动。

④ 培训与发展。为班组成员提供必要的培训和发展机会，提升专业知识和技能水平；定期组织培训活动，包括无人机操作培训、安全培训、数据分析培训等，以适应技术和行业的变化。

⑤ 安全管理与风险控制。建立安全管理制度，确保无人机的飞行安全和数据隐私。制定飞行操作规程，包括飞行区域的选择、飞行高度的限制、飞行时间的安排等；建立风险评估机制，及时识别和评估潜在的风险，并采取相应的

控制措施，确保巡检任务的安全进行。

⑥ 绩效评估与持续改进。定期评估班组的工作效果和绩效，收集用户反馈和建议，进行持续改进；建立绩效评估机制，对班组成员的工作表现进行评价，并给予相应的奖励和激励措施；关注无人机技术的发展和更新，及时更新设备和技术，以提高巡检效率和质量。

⑦ 沟通与协作。建立良好的沟通和协作机制，加强班组成员之间的沟通和合作。定期召开班组会议，及时交流工作进展、问题和建议；建立班组内部的信息共享平台，方便成员之间的交流和知识分享。

以上是无人机班组管理的一般要求，具体管理措施和要求可以根据实际情况和任务需求进行调整和完善。关键是确保班组成员的协作和配合，提高工作效率和质量，同时注重安全管理和持续改进。

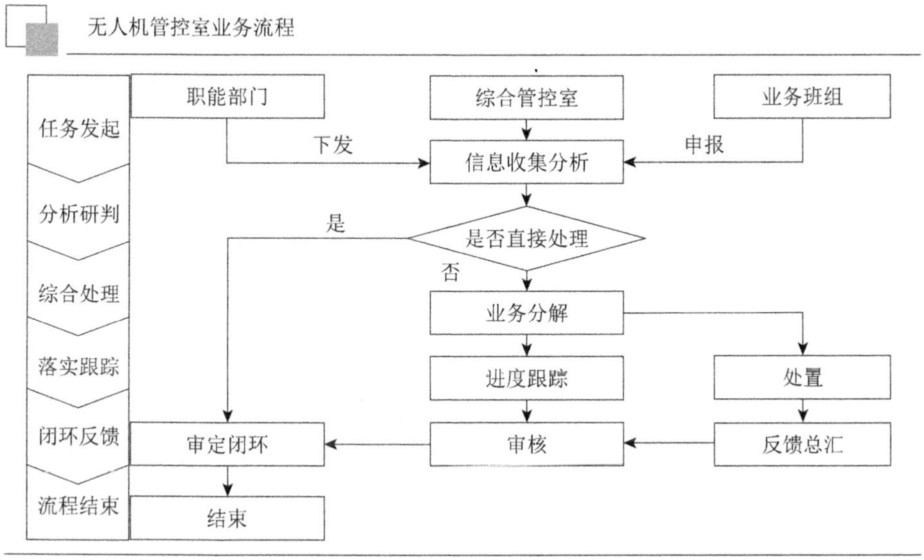

图 7-2　业务流程

7.3　资质要求

无人机班组的人员资质要求可以根据不同角色和任务需求来确定。以下是一般情况下的人员资质要求：

1. 无人机飞手

需要具备无人机的飞行许可证或执照，符合当地相关的法律法规要求。

具备良好的飞行技术和操作经验，能够熟练操控无人机执行各类任务；熟悉无人机的飞行原理、飞行规则和安全操作规程；具备良好的空中观察能力和应急处理能力，能够在飞行过程中及时做出正确的决策和采取应对措施。

2. 视频监控员

具备对图像和视频进行分析和判断的能力，能够快速发现异常情况；熟悉相关的图像处理和分析软件，能够对无人机传输的视频和图像数据进行监控和处理；具备良好的沟通能力，能够与无人机操作员进行有效的信息交流和指导。

3. 数据分析员

具备对电力设备和巡检数据进行理解和解读的能力，能够从大量数据中提取有价值的信息；熟悉相关的数据分析工具和软件，能够对采集的数据进行处理和分析；具备良好的报告撰写能力，能够撰写准确、清晰的数据分析报告。

4. 维护人员

具备无人机日常维护和保养的技能和经验；熟悉无人机的结构和组件，能够进行常规的检查、维修和更换；熟悉无人机的安全操作规程，能够确保无人机的飞行安全和稳定性。

此外，其他人员如安全管理人员、项目管理人员等，也有相应的资质要求。建议根据具体需求制定人员资质要求，并确保所有人员具备必要的技能和证书，以确保无人机巡检班组的工作质量和安全性。

7.4 人才队伍建设

加强无人机专业培训，打造属地实训基地，强化基层班组全员取证及技能培训，定期开展安全知识教育和政策宣贯，提升班组安全意识、责任意识及职业素养。无人机人员技能培训有以下几个方面。

① 无人机操作技能：无人机人员需要具备熟练的无人机操作技能，包括飞行操控、起降、悬停、航线规划等；应该熟悉无人机的控制器和操作界面，并能够根据飞行任务的要求进行相应的操作。

② 飞行规则和安全操作：无人机人员需要了解和遵守相关的飞行规则和安全操作要求；应该熟悉飞行区域的限制、飞行高度的限制、禁飞区域等，并能够合理规划飞行路线和飞行时间，确保飞行安全。

③ 数据采集与处理：无人机人员需要具备数据采集和处理的能力。应该熟悉无人机搭载的各种传感器和设备，能够进行数据的采集和记录；同时，还需要掌握数据处理和分析的技能，能够有效地提取和分析飞行数据和图像数据。

④ 维护与保养：无人机人员需要了解无人机的基本维护和保养知识，包括无人机的清洁、电池的更换、传感器的校准等；应该能够及时发现无人机的故障和问题，并进行相应的维修和维护工作，确保无人机的正常运行。

⑤ 紧急情况处理：无人机人员需要具备应对紧急情况的能力。应该熟悉无人机的紧急情况处理流程和操作方法，能够在遇到飞行故障或其他紧急情况时迅速做出反应，并采取相应的措施保证飞行安全。

⑥ 法律和法规意识：无人机人员需要具备相关的法律和法规意识。应该了解无人机相关的法律法规和政策，遵守飞行规则和限制；同时，还应该具备对隐私和数据保护的敏感性，确保无人机的使用不侵犯他人的权益。

⑦ 持续学习和更新：无人机技术和行业发展迅速，无人机人员需要具备持续学习和更新的意识。应该关注无人机技术的最新发展和应用，参加相关的培训和研讨会，不断提升自己的专业知识和技能。

通过培训（系统流程操作、无人机实飞操作等）、实践和经验积累，无人机人员可以不断提升自己的技能水平，确保无人机操作和管理的安全和高效。应建立无人机专家评选机制，引导基层员工积极参加无人机驾驶员国家职业技能等级认定；依托全业务核心班组建设，加大一线班组无人机应用力度，提升作业自主实施能力；组织开展技能竞赛，加强经验交流，选拔培养一批作业能力强、技能精湛的核心人才队伍。

图 7-3 无人机人员技能培训

7.5 无人机装备配置

加大无人机装备配置力度，按照高低配型号组合、可见光镜头与多功能检测设备互补等原则，充分考虑无人机技术性能和应用场景需求，差异化配置各类作业无人机，确保无人机数量和类型配置满足基层各类作业需要。实施全寿命周期管理，规范开展无人机入网检测，管控入网无人机产品质量，保障无人机装备作业安全性、可靠性、稳定性；配置无人机库房、自动充电柜，运用实物 ID 等技术，实现设备出入库、作业时长、维修保养、剩余寿命等在线监控和智能调度，提升无人机全寿命周期管理能力，实现资产同步变更、成本自动归集。

无人机管控室标准配置：中型无人机（M300）2 台；应配置激光雷达 2 台；应配置小型无人机 4 台（其中具备 RTK 功能的至少 3 台）。主要应用于架空线路激光雷达建模、应急抢险、工程验收等业务场景。

第8章 配电网无人机巡检作业模式

8.1 配电网无人机巡检管理模式演进

浙江公司自2018年应用无人机开展配电网架空线路设备巡检开始，无人机作为配电网运维检修的新型工器具之一，管理职能直接划归省公司设备部、地市公司运维检修部以及县（区）公司运维检修专业部门，运行单位（供电所）作为无人机直接应用的管理及作业单位，探索并形成了“省—市—县—所”运维检修垂直管理工作模式，逐步摸索引入飞手操控无人机开展工程验收、可见光巡视、红外检测、辅助照明检修、辅助牵引架线检修、辅助喷火除障检修、辅助农药喷洒除藤检修等作业场景。但因缺乏体系化的管控手段，各级管理部门只对飞手、无人机设备附件以及巡检作业业务开展单一化、碎片化的管理，这种管理模式缺乏对无人机体系管理及作业成效的完成度、完整度的统一管理。

2019年，浙江公司编写并发布《国网浙江省电力有限公司配电网无人机工作规范》《国网浙江省电力有限公司配电网无人机安全工作规范》以及《国网浙江省电力有限公司配电网无人机设备管理规范》，对管理人员、作业人员、无人机设备以及无人机作业要求标准进行规范，并新设省级机巡中心，以无人机系统平台为专业管控手段，作为全浙江的配电网无人机巡检业务协管支撑，对全省的飞手、无人机设备进行登记并管理，对系统平台能支撑的无人机通道巡检、精细化巡检、红外检测作业开展的应用比例、巡检千米数、巡检覆盖率、缺陷发现率等指标进行专业化管控，其他几种无法开展系统平台管控的，仍旧按以前的管理模式开展管理。同时，以此引入人机协同巡检作业模式、“1+N”巡检作业模式，继而又把“1+N”模式深化为“基于航线的半自动自主巡检作业模式”和“基于无人机机场的全自动巡检作业模式”。自此，浙江公司进入“省公司设备部归口、省机巡中心协管、市县公司运维检修部把关、运行单位执行”的配电网无人机专业化管理阶段。

2022年，浙江公司为加快推进设备管理专业无人机规模化应用，在全省范围内规模化地推进配电网架空线路设备无人机巡检工作，需进一步完善配电网无人机巡检作业管理体系，提升无人机巡检质量和效率。在省公司设备部的牵头下，在配电网无人机专业化管理模式的基础上酝酿提炼，于2023年各市、县供电公司成立配电网无人机管控室，确定配电网无人机“省公司设备部牵头、省电科院协管、市县运维检修部归口、市县供指协管、配电网无人机管控室把关、运行单位执行”的新型专业无人机规模化应用巡检管理模式。该模式由省公司设备部牵头，省电科院协管，直接通过市县供电公司运维检修部牵头，无人机管控室对配电网无人机巡检人员、设备、作业项目及巡检数据进行统一综合管理，提高了综合巡检作业效率及作业质量。但该模式依然存在配电网无人机巡检相关人员、设备、数据较为分散的问题，且无人机作业过程中人员参与过多，无法达到机器代人、减员增效的最终目的，配电网无人机巡检作业管理模式在此基础上还需继续进行进一步的探索。

图8-1 配电网无人机管控室

同年，浙江公司探索由传统的人工作业逐步转换为机器代人的新型智能作业模式，逐步形成以供电所为网格的基于无人机机场实现配电网架空线路全覆盖的智能作业方式，形成“省公司设备部牵头、省电科院协管、市县运维检修部归口、配电网无人机管控室执行、运行单位复核及消缺”的管理模式，最终实现“人 - 管理”“机器 - 作业”。该模式下，配电网无人机管控室从设备管理、工作业务、作业流程、数据管理及空域安全等方面对无人机巡检作业进行全方位的集中管控，进一步提高作业效率，降低人力成本。

8.2　人机协同巡检作业模式

配电网无人机人机协同巡检作业模式，就是“无人机 + 人工”的巡检作业模式，也是无人机引入配电网以来，最初始和应用最多的作业模式。无人机需要人工全程操控来实现工作任务的完成，两者相互配合，通过无人机取代部分人力，以无人机高空视角配合人工地面视角以及巡检航线进行自主复飞作业配合应用，全方位巡检配电网线路。该作业模式适配所有作业环境、所有应用场景需求；但其完全依赖人工遥控操控无人机作业的形式进行各种场景作业，要求作业人员具备成熟稳定的飞行技能。

图 8-2　人机协同巡视

8.3 “1+N”巡检作业模式

所谓的“1+N”巡检模式，即通过一次数据采集，完成激光点云三维建模和航线规划。一是利用该次采集数据可以提供普通小型无人机的按规划航迹进行N次巡检工作；二是可供无人机实施精细化巡检、通道巡检、特殊巡检、红外检测等N种作业模式；三是可实现基于机巢类的自动巡检模式、基于激光点云类的巡检作业管理模式。

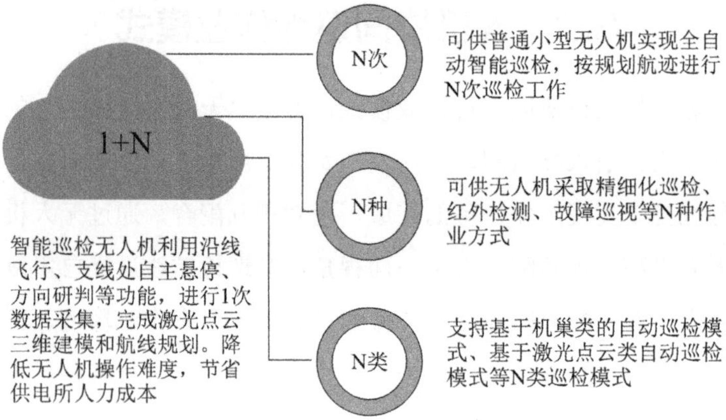

图 8-3 “1+N”巡检

8.3.1 基于航线的半自动自主巡检作业模式

配电网无人机基于航线的半自动自主巡检作业模式主要是基于激光航线、示教航线、自适应算法等技术方式实现无人机半自动自主巡检作业，针对不同技术方案需要人工进行作业前期或者作业中期的辅助操作，无法完全做到无人机全自动巡检，所以该模式为半自动自主巡检。

该巡检作业模式通过部署飞控软件等形式解决无人机巡检航线自动采集、记录等前期工作，降低人工操控的作业难度以及工作量，为作业人员提供安全稳定的无人机飞巡航线，作业人员只需携带设备到现场即可通过飞控软件实现“一键飞巡”等功能，满足日常巡检、红外测温等常态化飞巡任务的需要。该模式推进了县级供电公司无人机在基层供电所的应用质效，减少无人机配电网巡检作业对人工手动操作的技能依赖性，降低了老龄化员工操作无人机的难度，释放了部分人力，为规模化应用夯实了基础，同时基于软件算法进行飞行控制保障了飞行安全。该巡检作业模式促进了供电所县级供电公司无人机管控室的成立，升级了管理方式，为省、市供电公司对无人机作业计划及巡检质效进行统一管理奠定了基础。

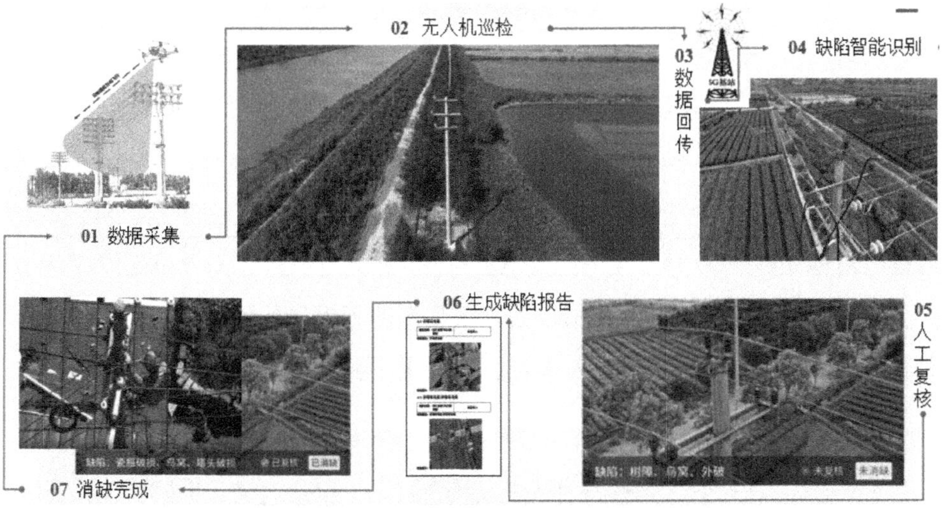

图 8-4　基于航线的半自动自主巡检模式

8.3.1.1　基于激光航线的半自动自主巡检管理模式

基于激光航线的半自动自主巡检作业模式主要分为点云数据采集及建模、无人机航线规划、航线复飞验证等环节，设备主人携带无人机以及激光雷达设备利用无人机巡检 APP 点云数据采集飞巡应用模块进行线路三维点云数据采集，无人机管控室通过软件对基于点云数据生成的三维模型进行航线规划，再由设备主人利用规划好的航线通过复飞验证，航线验证无误后结合线路名称进行航线命名统一归档，统一导入上传到省级无人机管控平台统一管理，设备主人在根据县级无人机管控室派发的工单任务开展无人机半自动自主巡检作业。

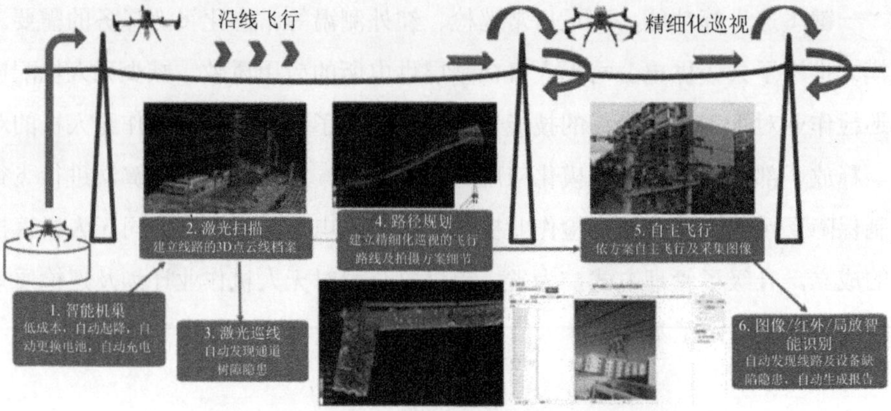

图 8-5 基于激光航线的半自动自主巡检模式

8.3.1.2 基于示教航线的半自动自主巡检管理模式

基于示教航线的半自动自主巡检作业模式主要通过县公司无人机管控室进行任务安排制定，下发到供电所，供电所设备主人利用无人机巡检 APP 示教飞巡应用模块进行数据采集，通过 APP 软件记录人工操控无人机巡检时无人机飞行的航点、动作方式并生成航线，采集到的无人机航线结合线路名称进行命名，统一导入上传到省级无人机管控平台并开展全自主巡检应用。

图 8-6 基于示教航线的半自动自主巡检模式

8.3.1.3 基于自适应航线的半自动自主巡检管理模式

基于自适应航线的半自动自主巡检作业模式通过无人机可见光相机以及配合在 APP 端或者机载端的目标识别算法进行智能分析，通过算法实现线路走向判断以及目标杆塔定位进行飞巡。期间需要作业人员辅助选择分支线路飞行方向、杆塔的巡检点位数量、飞行速度高度等帮助无人机第一次完成航线采集。该模式数据采集环节通过县公司无人机管控室进行任务安排制定，下发到供电所，供电所设备主人利用无人机巡检 APP 自适应巡检应用模块进行数据采集，采集到的无人机航线结合线路名称进行命名，统一导入上传到省级无人机管理平台并开展半自动自主巡检应用。

图 8-7　基于自适应航线的半自动自主巡检模式

三种模式的差异主要在于第一环节中的差异，即无人机航线数据采集方式不同：第一种是采集点云数据，随后进行点云数据分析及航线规划；第二种是通过 APP 记录人工操作的动作，再对记录动作的航线进行应用；第三种是使用 APP 自适应巡检模式进行配电网线路的数据采集。

随着半自动化作业模式的开展，为完全解放人力，采用网格化作业模式通过网格化部署无人机机场，以机场取代人力实现对无人机开关机、充换电等操作实现无人机日常巡检、红外测温等工作的常态化自主开展，其间作业人员只需通过无人机管控平台进行远程任务制定、任务下发、任务监管即可完成配电网巡检工作。随着技术的不断革新，为了降低人工无人机巡检作业量，上述三种作业模式的演变得以完成，同时由于配电网巡检应用场景以及覆盖环境的多样性，三种模式可以基于实际应用需求进行融合建设。

8.3.2 基于无人机机场的全自动巡检作业模式

随着技术的不断革新，为了降低无人机巡检工作人工参与量，完全解放人力，浙江公司试点探索通过网格化部署无人机机场，以机场取代人力实现对无人机开关机、充换电等操作实现无人机日常巡检、红外测温等工作的常态化自主开展，其间作业人员只需通过无人机管控平台进行远程任务制定、任务下发、任务监管即可完成配电网巡检工作，建立基于无人机机场的全自动巡检作业模式。

8.3.2.1 无人机机场简介及安装要求介绍

无人机机场系统是一种智能控制装置，它主要由中央控制室、中央控制主机和多功能控制板组成。中央控制室主要由飞控系统和多功能控制板组成，它可完成飞行任务和环境监测任务，通过各种传感器实现了对无人机的精确飞行控制，包括 GPS 模块、RTK 定位、惯性导航模块、全球定位模块和磁力仪等，根据飞控系统发出的指令调节飞行高度、飞行速度以及前进方向角等，还可以配置一台数字相机和一台红外 CCD 相机，用于环境监测任务；无人机机场平台包括一台飞控系统和多功能控制板两部分组成。其中飞控系统为中央控制室提供飞行状态监测、飞行数据采集、飞行模式控制、任务模式选择等功能；多功能控制板用于完成飞控系统与其他飞控系统之间的数据传输与数据处理功能。

无人机机场具备无人机存储空间、起降场地、电池自动更换机械结构、接触式自动充电结构、温控和湿控装置等模块。根据平台调度系统引导飞行器移动到对应的无人机机库进行存储、自动充换电操作，接受任务的机库会自动打开由飞行器舱、顶盖、升降平台和配套机电装置及通信、控制设备组成的机库，等待飞行器降落。飞行器在接近目标机库后会根据卫星定位数据和机库的视觉特征、标识主动寻找、定位机库并按接收到的指令准确降落到机库升降平台的中心区域。

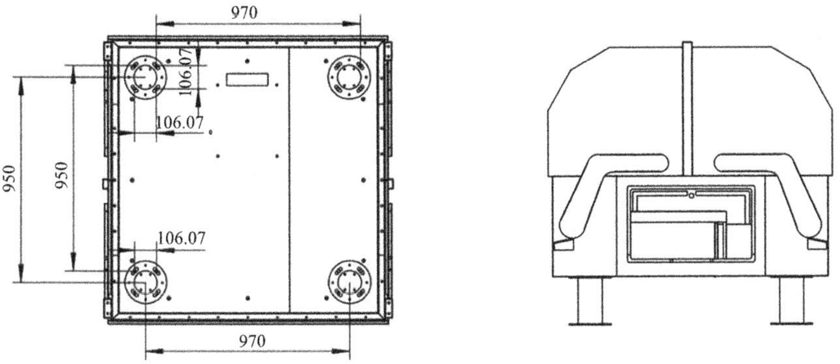

（a）M300 机库安装孔位置图

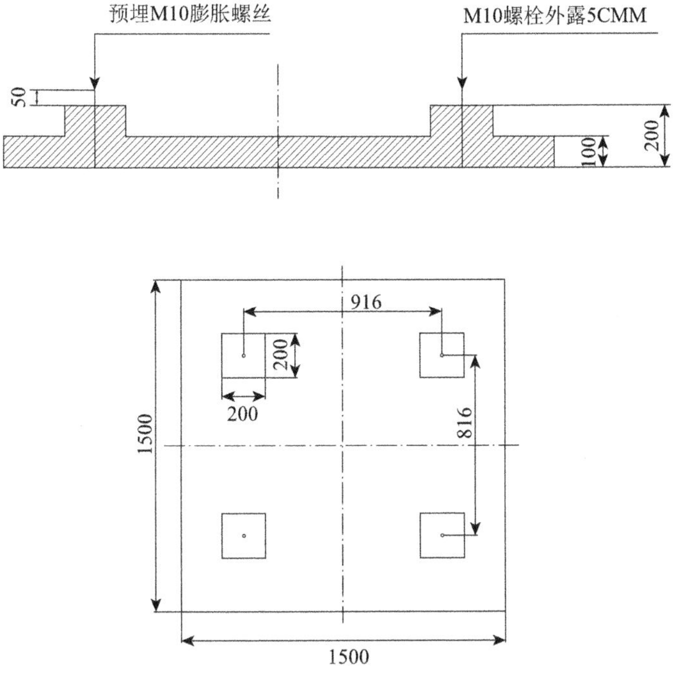

（b）M300 机库安装孔位置图

［注］数据单位为 mm。

图 8-8　机场平面设计图

其能获取和提供的主要信息如下。

① 风速。无人机机库系统可以获取无人机自动机库所在位置的实时风速。如果实时风速超过一定的阈值，巡检无人机禁止从自动机库起飞。

② 天气。无人机机库系统可以通过配套的气象站和联网天气预报判断当前的天气情况。如果当天天气恶劣，则禁止无人机从自动机库起飞。

③ GPS 信号。系统移动端可以显示当前无人机接收到的 GPS 信号的强弱。如果接收信号较弱，就会禁止无人机从自动机库起飞。

④ 电量。工作人员可以实时查看无人机多块电池的电量信息。

⑤ 选择预设航线。无人机机库系统可以调取无人机菜单下的飞行航线列表。工作人员可以进行远程操作，在系统中选择某一航线进行无人机巡检任务。

⑥ AI 识别模型切换。巡检人员可以通过无人机机库系统识别不同目标的多个模型，并结合热红外监测技术进行人群识别和违建识别。

⑦ 视角切换。巡检人员可以通过无人机机库系统切换当前无人机巡检的视角，由此完成多视角、多角度监测，保障无人机的飞行安全。

⑧ 实时状态监测。无人机机库系统可以实时监测的无人机状态主要包括无人机巡检时的实时速度以及无人机巡检在水平方向的实时飞行速度。

⑨ 无人机机库的实时状态。关于无人机实时机库的状态，一般监测的主要是自动机库顶盖是打开还是闭合的状态，起降平台是否已将无人机升起至最高处，还有无人机与自动机库之间的固定卡爪是否松开等。

无人机机场安装部署环境建议及案例如下：

（1）环境要求

① 安装地点历年气温范围在 −35℃至 50℃（机场工作温度范围为 −35℃至 50℃，机场内飞行器的工作温度范围为 −20℃至 50℃），温度超出该范围会导致机场无法工作。为保障作业安全，环境温度低于 −20℃时，飞行器不会进行飞行作业，此时机场处于待机模式，温度上升后可恢复正常作业。

② 选择风沙小的地点安装机场，飞行器起降时阵风不大于 12m/s 且气流平稳，以保证机场和飞行器正常作业。

③ 未经许可不得安装在危险源附近，如加油站、油库、危化品仓库等；勿将机场安装在有可燃物的场地，如易堆积杂物、有杨柳絮的场地；避免安装在易发生灾害的场地，如地面沉降、泥石流、山体滑坡、积雪掩埋等场地；尽量

避免安装在化工厂、化粪池下风处，防止污染腐蚀机场，若在海岸线附近，则直线距离海岸线应大于 500m。

④ 应考虑安装位置未来的环境变化因素，避开未来存在大型建设规划或环境变化较大的区域［包括但不限于杂草树木生长（如竹林、藤蔓等），新增建筑物、桥梁、通信基站、高压铁塔等］，如有变化应重新进行勘察。

⑤ 安装在电力公司自有资产下，同时在周围 2 ～ 3m 周围安装防护栏，张贴告警标语。

（2）安装位置推荐

推荐安装在无明显信号遮挡的场地，如空旷地面或楼顶等。为保障机场位置下无人机 RTK 模块的信号质量和设备运行稳定性，应保证地面高度角 20°范围内无明显信号遮挡物。如存在遮挡，可通过如下公式计算机场距离遮挡物的最小距离：

$$d \geqslant H/0.36$$

公式中的变量分别为：

d：机场与遮挡物之间的最小距离

H：遮挡物高度（遮挡物高度可通过操作飞行器进行测量）

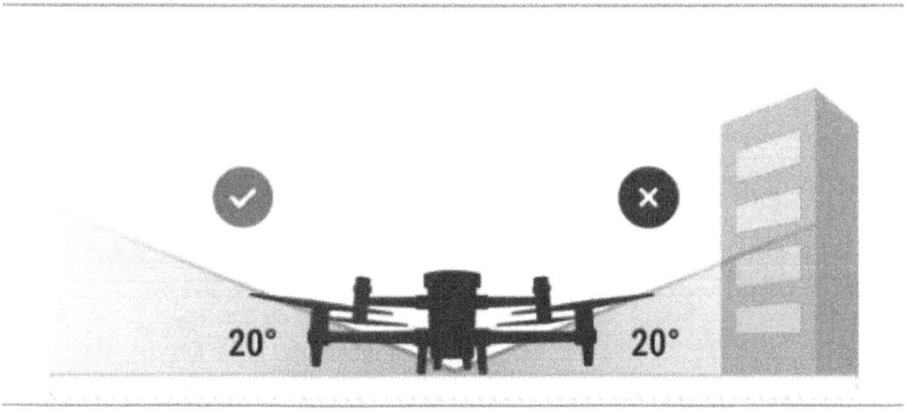

图 8-9 安装点位示意（一）

确保机场安装位置顶部及四周无明显反射物，避免反射产生多径效应影响飞行器图传系统和 GNSS 系统正常工作。反射物包括但不限于大楼玻璃幕墙、铁皮屋顶、楼顶大面积太阳能板、楼顶金属广告牌等。

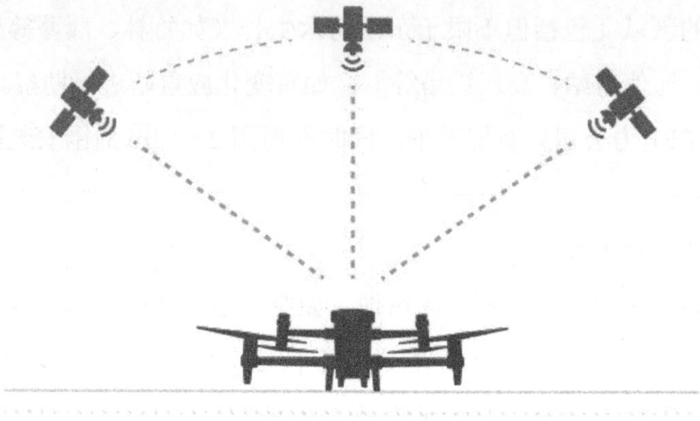

图 8-10 安装点位示意（二）

（3）案例

以石塘供电所部署的两台无人机机场为例，一台部署位置为配电房房顶，整体配电房由 1.5m 高的护栏包围，机场周围 20m 内没有建筑物遮挡。

图 8-11 机场安装完毕

一台部署位于盛阳站范围内，机场周围 2m 安装 1.2m 以上防护栏、张贴告警标语，且机场周围 20m 内没有建筑物遮挡。

图 8-12　单机场的全自动智能巡检

8.3.2.2　基于单机场的全自动智能巡检作业模式

基于单机场全自动智能巡检作业模式指无人机和机场一对一绑定，无人机在固定机场起飞降落用于机场周边线路的巡检，根据机场周边的线路密集度及布点不同，有效全自动智能巡检范围在机场周围 3 ～ 5km。主要是利用无人机机场取代人工对无人机进行的存储、充换电、开关机、数据读取上传等工作，结合已有的无人机飞巡航线进行无人机远程调度、全自主任务飞巡、巡检数据自动上传等功能。基于单机场全自动智能巡检作业模式实现省、市、县级供电公司无人机管控室可以远程给无人机下发日常巡检计划任务、周期性计划任务或者自定义计划任务进行无人机巡检，无须人工参与即可实现机场覆盖范围内的无人机配电网架空线路全自动智能巡检工作。但因巡检范围的原因，其他未覆盖线路还需供电所设备主人根据相应管理模式开展“人工协同”或“基于航线的半自动自主巡检”作业。

8.3.2.3　基于多机场联动的全自动智能巡检作业模式

基于多机场联动的全自动智能巡检作业模式是指以 5km 有效作业半径为网

格，根据配电线路网架情况、地理环境等因素部署多个机场满足无人机和机场一对多或者多对多绑定，无人机可在巡检过程中降落至空闲机场（即机场内部没有存储无人机）进行电量补给、数据传输、存储等操作，不但解决了单机场孤岛全自动智能巡检作业模式，还减少了无人机返航时间，延长了有效作业半径。全自动智能巡检作业模式实现省、市、县级供电公司无人机管控室可以远程给各供电所的机场及无人机下发日常巡检计划任务、周期性计划任务或者自定义计划任务进行无人机巡检，无须人工参与即可实现机场覆盖范围内的无人机配电网架空线路全自动智能巡检工作。

8.3.2.4 基于多机场联动的跨县、市全自动智能巡检管理模式

在每个地市公司均建好网格化的多机场联动全自动智能巡检管理后，可实现省级无人机机巡中心远程给各基层机场及无人机下发日常巡检计划任务、周期性计划任务或者自定义计划任务进行无人机巡检，无须人工参与即可实现全省机场覆盖范围内的无人机配电网架空线路全自动智能巡检工作。

第 9 章 技术与应用展望

9.1 续航技术

9.1.1 钠离子电池

现在大多数无人机的飞行动力都来源于锂电池，在电池能量密度与荷载等方面的限制下，无人机的续航时间较短，基本在 20 ～ 50 分钟。钠离子电池是一种新型的可充电电池，其工作原理和锂离子电池相似，它以钠离子作为电荷载体，在正负极之间反复转移钠离子来储存和释放能量。它具有以下优点。

① 高能量密度。钠离子电池的能量密度可以达到 200Wh/kg，相较于铅酸电池和锂离子电池，钠离子电池的能量密度更高，因此可以在更小的空间内储存更多的电能，有利于提高能源利用效率和储能系统的可靠性。

② 储量丰富，成本低。钠是一种广泛存在于地球上的元素，相较于锂等稀有金属，钠离子电池的材料资源更为充足，且价格低廉。同时，钠离子电池的寿命长，可以降低更换电池的频率和维护成本，这也有助于降低电池的总体成本。

③ 安全性高。钠离子电池具有高安全性，因为钠离子相较于锂离子等传统的电荷载体来说，其在充放电过程中更为稳定，不会发生燃烧或爆炸等安全问题。此外，钠离子电池的操作温度范围广，即使在高温或低温环境下，其也可以正常工作，这有利于提高其在不同环境下的安全性和可靠性。

④ 快速充电。钠离子电池的快速充电原理主要得益于其独特的电极材料特性和离子传输机制。这些特点使得钠离子电池在充电时能够快速完成钠离子嵌入 / 脱嵌过程，从而实现快速充电。测试数据显示，常规的钠离子电池充电速度可以达到锂离子电池的 3 倍以上，即在 15 分钟内快速充进 70% 的电量。

⑤ 环保性。钠离子电池不含有污染环境的重金属，因此对环境的影响更小。这种环保的特性有利于提高钠离子电池的可持续性，符合可持续发展的要求。

总体来说，钠离子电池是一种具有很大发展潜力的电池类型。目前，钠离子电池仍处于研究和发展阶段，要克服钠离子电池目前遇到的瓶颈，需要在材料和电化学等方面加强研究，优化电池结构和性能，加大材料设计、工艺优化和技术创新的投入。钠离子电池有望成为一种重要的可再生能源储存解决方案，也将广泛用于无人机的续航。

9.1.2 远距离激光充电技术

利用激光充电的无人机系统包括激光发射装置和无人机，在无人机的底侧设置光能充电板，光能充电板与蓄电装置连接。激光发射装置包括激光发射枪和基座，激光发射枪可转动地设置在基座上，当激光发射枪朝向光能充电板发射激光，激光照射到光能充电板后，可实现对蓄电装置充电，无人机不必降落充电，其可停留在空中进行长距离充电，继而提高无人机的续航时间。

远距离激光充电技术的原理是利用光子作为能量的载体，提高能量传输速率。光子能在能量与物质之间进行转换，但其中传输的过程利用光子的速度和阻力小的特性，能够大大提高能量传输速率，同时也是一种干净的清洁能源。在相同的发射机和接收机尺寸和功率的情况下，激光充电技术在理论上可以达到数百米的距离，远远超过磁共振式充电技术。激光接收装置可以做到小体积，容易集成到无人机上。同时激光传输的能量只沿着光束进行传输，不会对其周围的电子设备造成电磁干扰，保证了其周围工作设备的安全性。

图 9-1　无人机远距离激光充电技术

远距离激光充电技术可实现空中充电，提高了无人机的利用效率，也解决了由于地形复杂不适合降落的难点，未来其应用范围将更加广泛。

9.1.3　氢能燃料动力技术

氢能燃料动力技术是一种使用氢气作为能源的燃烧技术。氢燃料动力技术的能量转化效率超过 50%，比锂电池的能量密度高出数倍，同时具备零污染、零排放、续航时间长、震动噪声小、能源补充速度快、稳定性高等特点，是当下工业级无人机最理想的动力方案。

图 9-2　氢动力无人机

氢能燃料动力技术的原理是通过燃烧氢气来产生能量。在燃烧过程中，氢气与氧气结合生成水，同时释放出大量热能。而氢能燃料电池技术是使用氢气和氧气通过电化学反应来产生电能和热能，它的难点是要解决氢气的储存和运输，以及提高它的燃烧效率。

由浙江氢航科技有限公司与浙江机巡中心、温州电力合作研发的“氢霆”氢动力多旋翼无人机（如图 9-3 所示），于 2023 年 3 月 21 日通过了中国电科院的检测认证，各项性能指标均符合甚至超过电力巡检的要求。“氢霆”氢动力多旋翼无人机是国内首个通过电力企业权威检测机构认证的氢动力电力巡检无人机。该氢能飞机的抗风能力达到了 15m/s，比入网要求的 10m/s 高出许多。这种抗风能力使得该飞机在山区、滨海地区和风区开展电力巡线任务的应用范围变得更加广泛。①抗低温能力强劲。测试环境中电池内外都达到了 -20℃的低温条件，但是氢燃料电池系统仍然可以在一分钟内顺利起动，并平稳地驱动飞机飞行。这对于风冷氢燃料电池飞机在冬季高寒地区进行电网灾情巡检意义重大，可以在低温环境下进行远距离、长航时的巡检，有效降低了人工在恶劣天气里爬山、爬塔、长途跋涉时的危险性。②长续航能力。在 1.5kg 负载条件下，悬停续航时长超过 1.5 小时，单次最长续航达到 2 小时 12 分钟，打破了单次多旋翼无人机的实验室续航纪录。这一突破验证了氢燃料电池系统的能量密度优势，革命性地改善了无人机的航时表现，常规作业效率提高了 6 ～ 8 倍。氢霆的功能广泛，可以用于电力应急处置、大范围巡检和长距离精准巡视等多种场景。

图 9-3　“氢霆”氢动力多旋翼无人机

9.1.4 基于固定巡检线路的无人机无线充电系统

固定巡检线路的巡检任务可以是电力线路巡检、风电场巡检等。受无人机续航能力有限、作业距离短等问题影响，当前无人机巡检的使用频率仍较低。由于多数远距离巡检任务都具有条件艰苦、单次巡检工作量大、需周期性巡检等特点，如果在固定巡检路线布置中继无人机无线充电基站，无人机在执行任务过程中自主降落至中继充电站补充电能，可有效拓展无人机的巡检范围，提升无人机巡检的工作效率和使用频率，这对降低巡检成本、提升巡检质量具有重要意义。

无人机无线中继充电基站（如图 9-4 所示）是一种可以为无人机提供无线充电服务的设施。它的原理是基于无线电能传输技术，这种技术可以通过磁场感应的方式将电能从发送端传输到接收端。在无人机无线中继充电基站中，发送端和接收端都配备了磁性线圈，当发送端的电能通过线圈时，会产生磁场，从而将电能传输到接收端的线圈中。无人机无线中继充电基站的优点是可以实现快速充电和高效能量传输。由于采用了无线传输方式，充电过程不需要物理接触，因此更加安全可靠。此外，这种充电方式还可以实现多架无人机同时充电，提高充电效率。

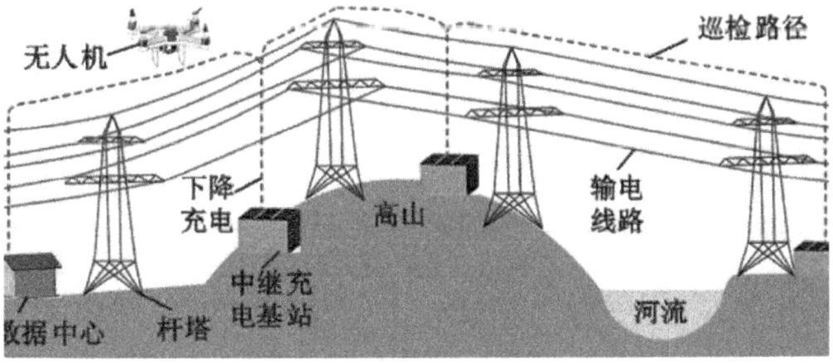

图 9-4　无线中继充电基站示意

无人机无线中继充电基站在应用方面具有广泛的前景。例如，在无人机物流领域，无人机需要在多个地点进行充电，而无线中继充电基站可以为其提供更加便捷的充电服务。此外，在无人机救援、巡检等领域，无人机无线中继充电基站也可以发挥重要的作用。

9.2 配电网无人机新挂载设备

9.2.1 无人机搭载 X 光检测

X 光被广泛用于医学和工业领域的成像和检测。无人机搭载 X 光检测仪是一种创新性的检测技术，它利用无人机作为载体，搭载 X 光检测仪，对目标物体进行无损检测和诊断。例如，无人机搭载 X 光设备可以用于扫描建筑物和设施内部的管道、电线、架空引下线电缆和其他设备，以寻找潜在的问题或破损，并进行修复。

X 光检测技术的原理主要是利用 X 射线的穿透作用、差别吸收、感官作用和荧光作用。当 X 射线穿过人体或其他物质时，由于不同组织对 X 射线的吸收程度不同，因此会产生不同程度的衰减。这些衰减的 X 射线在荧光屏或胶片上会形成不同密度的阴影，从而可以判断被检测部位是否存在异常。

将 X 光检测设备挂载到无人机上，需要设备小型化并适应航空器的环境和限制，还需要安全控制、数据存储和传输等功能。整个系统包括：一台高载荷多旋翼无人机、专用的柔性悬索、数字射线成像平台、电控挂架（图传终端）、脉冲 X 射线机。

无人机搭载 X 光检测仪最主要的特点是：①无损检测，X 光检测仪可以无损地检测目标物体内部的结构和缺陷，不会对目标物体造成任何损伤；②高精度，X 光检测仪可以高精度地记录目标物体内部的结构和缺陷，提高检测的准确性和可靠性。但无人机在使用 X 光检测设备时可能需要遵守政府监管和安全标准，如航空法规、射线辐射安全等方面的规定。

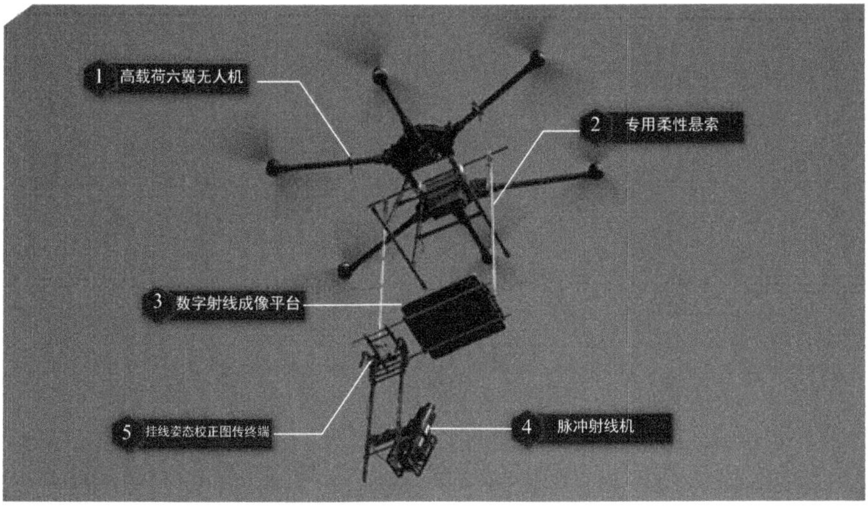

图 9-5　无人机挂载 X 光成像装置

图 9-6　用无人机搭载 X 光检测仪所拍摄的耐张线夹及绝缘子的影像照片

9.2.2　无人机搭载相控阵雷达

相控阵雷达是一种基于阵列控制技术的雷达系统，可以快速定位、跟踪和识别目标。由于其高精度和实时性能，相控阵雷达在军事、民用和科研领域都有广泛应用。搭载相控阵雷达的无人机可以用于空中监控、无人机搜寻和救援、地形勘测等应用场景。

图 9-7　军用无人机上的相控阵雷达

相控阵雷达技术是通过控制阵列天线中各辐射单元的相位和幅度，实现快速而精确的波束指向和形状变化。具体来说，相控阵雷达利用电磁波相干原理，通过计算机控制馈往各辐射单元电流的相位，从而改变波束的方向进行扫描。这种雷达的核心组成部分是阵列天线，它由大量小型的天线单元组成，每个天线单元都可以独立发射和接收信号。通过控制每个天线单元的发射相位和振幅，可以实现波束的形成和指向。

无人机搭载相控阵雷达在电力系统中的应用主要包括以下几个方面。

① 巡检。利用相控阵雷达技术，无人机可以进行高空巡视，并对电力系统设备进行精细化巡检。在巡检过程中，相控雷达可以实现设备的成像和精确定位，从而发现设备的故障点并进行修复。

② 故障检测。通过相控阵雷达技术，可以高效地全面检测电力系统中的故障点，实现快速修复故障，提高电力系统的可靠性和安全性。

③ 影响评估。通过相控阵雷达技术可以实现更加准确的电力系统辐射范围评估，从而提高电力系统的科学性和智能化水平。

④ 行业安全。相控阵雷达技术在电力行业中也可以实现一些特殊的安全应用。例如，在风电产业中，使用相控雷达技术可以实现对风轮叶片的监测和检测，及时发现异常情况，保证工作人员的安全。

9.3　前端识别技术突破

9.3.1　视频（影像）识别技术

近年来，国内外研究者致力于将视频识别技术和无人机前端识别相结合的技术开发。视频（影像）识别技术是指利用计算机视觉技术对视频进行分析和理解的过程。它可以识别视频中的人物、物体、场景、动作等，进而提取出关键信息，实现自动检测、分类、跟踪、分割、定位、预警等多种视频处理任务。

1. 技术原理

无人机视频识别技术主要涉及两个关键部分：动态目标检测和目标识别。

动态目标检测的目的是从视频图像中提取出运动目标并获得运动目标的特征信息，如颜色、形状、轮廓等。其中，三帧帧差法是一种常用的方法，其原理是在相邻的两帧图像做差分运算，并取差分运算的绝对值构成移动物体。这种方法在一定程度上可以应对运动物体双边、粗轮廓的现象，更适用于物体移动速度较快的情况。

目标识别是通过 SIFT（尺度不变特征变换）提取出检测的动态目标特征，然后使用 KNN（K– 最近邻）邻近分类算法完成动态目标的分类。

2. 应用前景

目前，视频识别技术在智能安防、智能交通、娱乐、医疗等领域广泛应用，在电网应用较少。把此技术引入电网应用中，比如可以用来实时监测作业人员是否存在安全隐患，是否有违章行为，或者监控施工机械、各动态危险点是否有不安全的动作，及时发现并预警，大大提高电网的安全运行可靠性。

9.3.2　缺陷识别技术

缺陷识别技术是针对产品、设备等领域中可能存在的缺陷进行自动或半自动识别和定位的技术。这些缺陷可能包括外观缺陷（如表面异常）、功能故障

（如电路异常）等，也可能是基于用户行为和用户反馈等方式检测出的缺陷。采用前端缺陷识别技术就是在无人机上搭载相应的算法识别软件，无人机拍摄照片后就能利用自身识别软件进行识别，并将识别结果最终反馈给系统，由系统出具报告。这样就能大大减轻传统人工识别的压力，提高工作效率。

1. 技术原理

缺陷识别技术通常结合图像处理、信号处理、模式识别、机器学习、深度学习、自然语言处理等人工智能技术，通过对样本数据的学习和训练，自动或半自动地对潜在的缺陷进行检测、识别和预测。其中，深度学习和卷积神经网络（CNN）已经被广泛应用于图像分类和缺陷识别任务中。缺陷识别技术是一种基于机器学习的技术，通过训练模型来识别产品缺陷，其技术原理涉及以下步骤：

①数据采集。采集一定量的已知正常和有缺陷的数据样本，这些样本可以是图像、视频、声音等不同类型的数据，并需要被标记，以便训练模型。

②特征提取。提取图像、视频、声音等不同数据类型中的特征，以便将数据转换为计算机可以理解和处理的格式。例如，对于图像数据，可以提取颜色、纹理、形状等特征。

③训练模型。使用机器学习算法训练模型，让计算机能够识别有缺陷的数据。通常可以使用监督学习算法，如卷积神经网络、决策树等来训练模型。

④测试模型。测试训练好的模型，看它是否能够正确地检测数据中的缺陷。通常，可以使用一些已知的测试数据来测试模型的准确性和可靠性。

在缺陷识别技术的应用中，高速CCD工业相机对板材表面进行实时拍照是一个常见的例子。照片经数字化处理后，送入主机进行图像处理，通过参数计算，对板材图片提取特征，以检测表面缺陷信息，然后进行分类定等级。

2. 应用前景

目前的缺陷识别率大约为60%，因为各个网省公司的配电线路物料各种各样，导致缺陷识别率不高，还需要人工去识别大量的图片，导致效率不高，浪费大量的人力物力。同时，现在的缺陷识别是将拍摄的图片集中到识别系统中进行集中识别，随着无人机规模化应用，图片的数量会呈数量级增加，对识别系统会造成巨大的压力。如果缺陷识别技术有新的突破，缺陷识别率能够达到90% 及以上，将会大大推进配电网无人机智能巡检的进度，实现缺陷图片一键上传，及时出具缺陷报告，将彻底减轻人工识图的压力，节省人力和物力。

9.3.3　AI图像识别技术

AI 图像识别技术是指利用人工智能技术对图像进行分析、理解和识别的一种技术。运用 AI 深度学习算法，通过大数据分析、样本训练，对图像中特定目标进行建模，从而精确实现分类和监测，精练高效的系统架构可在微型处理器上可靠运行。将此技术应用在无人机机载前端智能识别中，结合目标检测算法，可以获得智能识别结果。

1. 技术原理

AI 图像识别主要基于图像处理和人工智能技术，包括图像采集、预处理、特征提取和分类等步骤。

图像采集是通过对目标物体进行拍摄或扫描来获取图像数据。这个步骤需要注意图像的质量和清晰度，以保证后续处理的准确性。

预处理是对采集的图像数据进行处理，包括去噪、增强、变换等操作，以提高图像的质量和特征的可提取性。

特征提取是利用计算机视觉技术和深度学习算法对图像进行分析，提取出目标物体的特征信息。这个步骤需要根据不同的应用场景和需求选择合适的特征提取算法和模型，以实现准确、高效的图像识别。

分类是对提取的特征信息进行分类和识别，将目标物体归到相应的类别中。这个步骤通常需要使用机器学习算法和分类器，如支持向量机、神经网络等，以实现高精度的图像识别。

AI 图像识别基于对图像信息的处理和分析，通过人工智能技术和算法实现对图像的自动识别和理解。其中，深度学习技术在特征提取和分类等环节中扮演重要的角色，它可以自动学习和提取图像中的特征信息，提高图像识别的准确性和效率。

2. 应用前景

将AI图像智能识别系统搭载在无人机上可以对无人机拍摄的实时画面进行更高效的数据传输，更加精准地对既定路线中电力系统周围的环境因素进行数据采集；能够注意到平时人工巡检过程中不容易被重视的因素，将抽象的画面信息进行整合分析，形成一系列具体的数据信息；通过大数据系统分析出电力系统中可能存在的各种风险，对发生的缺陷与隐患提出建设性的解决意见，提高电力系统的巡检效率。例如，利用AI图像识别技术，巡检无人机在进行图像拍摄和采集时会自动调整角度，使目标始终处于画面中央，同时将云台调成合适的角度，可以做到360°全方位、无死角，保证拍摄的目标清晰且能有效识别出目标存在的问题，并实时传输给后台人员。

9.4 航线智能优化与拓展

9.4.1 GIS智能巡检系统

无人机GIS智能巡检系统是一种基于无人机和GIS技术的智能化巡检系统。该系统采用先进的传感器技术，搭载高清相机、红外线测温仪、激光雷达等多种设备，能够实时获取巡检区域的高清图像和数据，快速进行异常识别和定位，并通过GIS技术进行可视化展示和分析，有效提高巡检效率和准确性。无人机GIS智能巡检系统可以应用于许多领域，比如电力巡检、城市管理、农业监测、水利工程等。

1. 技术原理

无人机GIS智能巡检系统主要基于无人机遥感技术、计算机视觉、无线通信、地理信息系统（GIS）等技术的综合应用。

在巡检过程中，无人机通过搭载各种传感器（如红外摄像头、光学相机、激光雷达等）进行数据采集和传输，这些数据包括电力线路、管道等目标物体的信息。随后，利用计算机视觉技术对采集到的数据进行分析，检测出目标物体（如电力线路、管道等）的异常情况。

同时，通过无线通信技术，无人机将处理过的数据传回数据中心，实现数据的实时传输和处理。这使得巡检人员可以实时获取目标区域的信息，及时发现并处理问题。

此外，无人机 GIS 智能巡检系统还结合地理信息系统（GIS）技术，利用 GIS 的空间分析功能，对巡检数据进行空间分析和可视化处理，提供更直观的巡检结果展示。这有助于提高巡检的准确性和效率，同时也为后续的巡检计划制订提供有力的支持。

总的来说，无人机 GIS 智能巡检系统的技术原理就是利用先进的传感器和图像处理技术对物体进行高精度可视化和数据采集，再结合无线通信技术和 GIS 技术实现数据的实时传输和处理以及空间分析可视化展示。

2. 应用前景

目前来说，当无人机进行电力巡检工作时，部分工作人员并不熟悉巡检路线与设备的情况，经常会出现走错路或人为因素导致设备出错的情况，将巡检效率拉低。针对这种情况，可以进行结构的优化，利用 GIS 系统中的新型智能巡检模式来进行巡检工作。GIS 智能巡检系统可以有效地帮助巡检人员进行基础信息、专业知识、设备信息的熟悉与管理。通过该系统，可以实现对远程、高空或难以进入的区域进行巡检，提高巡检效率和准确度，同时也能够减少对人力资源的依赖，降低操作成本，是一种非常优秀的智能化巡检航线解决方案。

9.4.2　基于北斗卫星导航系统的无人机

以往的无人机在定位方面一般依赖美国全球定位系统（GPS）、欧盟伽利略卫星导航系统、俄罗斯格洛纳斯卫星导航系统。北斗卫星导航系统（COMPASS）是中国自行研制开发的区域性有源三维卫星定位与通信系统（CNSS），该系统由 5 颗静止轨道卫星和 30 颗非静止轨道卫星组成。

1. 技术原理

北斗卫星导航系统的技术原理是基于卫星信号的传输时间和接收机到卫星的距离测量，利用伪距测量方法计算用户的三维位置和接收机时钟偏差。

具体来说，北斗卫星导航系统使用测距伪距法进行定位。它通过测量卫星至用户终端之间的距离，利用已知的卫星坐标和星钟信息，计算出伪距。然后利用三维坐标中的距离公式，组成三个方程式，解出观测点的位置（X, Y, Z）。

此外，北斗卫星导航系统还采用"双星定位"的方式。以两颗在轨卫星的已知坐标为圆心，分别以测定的卫星至用户终端的距离为半径，形成两个球面，用户终端将位于这两个球面交线的圆弧上；然后利用地面中心站配备的电子高程地图，提供一个以地心为球心、以球心至地球表面高度为半径的非均匀球面，用数学方法求解圆弧与地球表面的交点即可获得用户的位置。

在计算用户位置时，北斗卫星导航系统与 GPS 有所不同。GPS 由用户设备独立解算自己的三维定位数据，而北斗卫星导航系统则是由地面中心站解算用户位置，然后提供给用户。因此，北斗卫星导航系统的计算精度相对更高，而且可以保留全部北斗用户的位置及时间信息，并负责整个系统的监控管理。

2. 应用前景

与以往的无人机 GPS 定位方式不同，使用北斗定位可以提供更高的精度。GPS 使用双频信号，而北斗使用三频信号，精度更高。这使得作业时出现失误的概率大大降低。在无人机适配遥控器方面，可以使用射频天线和 4G 芯片模组进行通信，实现远程控制和数据传输。北斗定位也可以用于自返航功能，只要设定好目的地，无人机就可以自动规划最佳路线并完成任务。

例如，大疆公司的经纬 M30T 无人机可在仅使用北斗卫星导航系统的条件下进行定位、飞行、自主巡检，在无人机自主巡检道路中，向全系统国产化再次迈进一步，做到全天候巡检。M30T 还可在中雨环境下稳定地针对导线、绝缘子、杆塔、金具等设备进行全面检查。未来，随着技术的不断进步和应用领域的不断拓展，北斗卫星导航系统将在无人机领域发挥更大的作用。

9.4.3 AI自适应巡检技术

国网江苏省电力有限公司联合中科南京人工智能创新研究院研究出无人机AI自适应巡检技术。该技术采用轻量化网络结构设计、量化剪枝等前沿技术，将基于图像的目标检测深度学习模型算法部署在移动边缘端，实现基于移动设备上CPU、NPU、GPU硬件资源完成目标检测。这就相当于为无人机加上一个可以自主思考的大脑，使无人机基于杆塔信息自主导航，绕开障碍物，飞到杆塔上空，自动调整云台，实现拍摄目标居中，并且利用AI算法对无人机的飞行路径进行优化，减少了飞行时间。

1. 技术原理

通过地面控制中心发出巡检任务，将无人机搭载的各类传感器和设备的数据采集与控制系统连接起来，实现机器人无人遥控控制、自主航行和精准定位。无人机在巡检过程中，可以进行目标跟踪识别和目标探测，通过计算机算法分析巡检数据，实现智能化的飞行过程。在具体实现上，无人机自适应巡检技术应用主要有以下步骤。

① 设定任务。在无人机飞到特定巡检点时，进行多目标检测后，控制云台进行变焦和对焦的操作，完成拍摄后无人机即完成该点的巡检任务。

② 数据采集与处理。无人机在巡检过程中通过搭载的高清摄像头等设备对目标进行拍摄，获取图像或视频数据。随后，利用图像处理技术对采集的数据进行分析和识别，提取出有用的信息。

③ 智能识别与判断。基于AI算法，无人机自适应巡检技术能够对拍摄的图像或视频数据进行智能识别和判断。通过识别目标物的特征和异常情况，系统能够判断出设备是否存在问题，以及问题的性质和严重程度。

④ 数据存储与分析。无人机自适应巡检技术可以将采集的数据存储在云端或本地服务器中，方便后续的数据分析和处理。通过对历史数据的分析，可以预测设备未来的状态变化，及时发现潜在的问题，提高设备的可靠性和安全性。

2. 应用前景

与传统人工巡视方案相比，基于前端AI分析的无人机自适应巡检方案优势明显，不受区域复杂环境的限制，自主规划航线，主动避开障碍物，巡检效率是传统巡检效率的20倍以上，有效推动传统人工作业向信息化、智能化转变。解压缩技术确保图片高清、快传输。为保证巡检过程中的拍摄图像质量，该系统支持无人机基于经纬度、时间、天气等信息模拟光照环境，精确选择区域。然后，通过场景识别、Raw域AI测光和焦点分析技术配合光场均衡算法智能调节曝光，成功实现无人机巡检过程中的拍照功能，完成拍照任务，满载而归的无人机数据传输往往需要大量时间。为提升传输效率，研究团队以软硬件一体互联的方式，开发了基于人工智能神经网络轻量化的图像编解码技术。通过算法，实现前端压缩、后端解压缩，解压缩后图像质量基本无损。实现边端低算力设备高倍率压缩，后端高保真恢复能力。解决了电网智能化数字化转型背景下的海量数据处理与传输问题，进一步从经济性、安全性方面支撑数字化转型。

9.5 其他前沿技术

9.5.1 全链条集成智能模式

无人机全链条集成智能模式是指整合人工智能、自主飞行、传感器和其他相关技术，实现无人机从规划计划、起飞、执行任务、返回、降落等一系列操作的自主智能化。从飞行、数据采集、图像识别、保障支持、数据传输、系统修改等方面实现全链条的智能化集成，提高无人机的执行效率和安全性。

无人机全链条集成智能模式的技术原理主要包括以下几个方面。

① 人工智能技术。无人机全链条集成智能模式的核心技术之一是人工智能技术。通过人工智能算法和模型，无人机能够实现自主导航、目标识别、图像处理等功能。人工智能技术还能够帮助无人机进行数据分析和决策，提高无人机的智能化程度和自主性。

② 物联网技术。物联网技术是实现无人机全链条集成智能模式的另一项关

键技术。通过物联网技术，无人机可以与其他设备进行通信和数据交换，实现远程控制和智能化管理。同时，物联网技术还可以帮助无人机进行实时监测和维护，提高无人机的可靠性和使用寿命。

③ 大数据技术。无人机全链条集成智能模式需要处理大量的数据，因此需要借助大数据技术进行数据存储、分析和处理。通过大数据技术，无人机可以实现对数据的快速处理和分析，从而提高无人机的智能化程度和决策能力。

④ 计算机视觉技术。计算机视觉技术是实现无人机全链条集成智能模式的重要技术之一。通过计算机视觉技术，无人机可以实现图像识别、目标跟踪等功能，从而提高无人机的感知能力和作业精度。

⑤ 嵌入式系统技术。无人机全链条集成智能模式需要借助嵌入式系统技术来实现对无人机的控制和管理。嵌入式系统技术可以将各种传感器、控制器等集成在一起，实现对无人机的精确控制和高效管理。

无人机全链条集成智能模式将无人机技术与人工智能、物联网、大数据等先进技术深度融合，实现无人机全链条智能化、自动化。通过各种技术的协同作用，无人机能够实现高效、安全、智能作业和管理。在配电网上应用这种模式，能大大减轻一线电力工人的工作量，实现巡检工作高效、智能、精确、省时。

9.5.2　多机多巢集群智能调度技术

无人机多机多巢的集群智能调度技术是指利用智能算法和大数据分析技术对无人机集群进行动态调度，实现协同协作，提高无人机集群的能力和效率。

在多机多巢集群智能调度技术中，首先需要构建一个无人机集群控制系统，该系统包括一个主控单元和多个从控单元，主控单元负责整个集群的控制和管理，从控单元则负责执行具体的任务和操作。

主控单元通过收集环境信息和所有无人机的状态信息，进行集中处理和任务分配。它根据任务的需求和无人机的性能，合理分配任务给每架无人机，并制定相应的飞行路径和动作序列。

从控单元则接收主控单元的指令，按照指令要求执行相应的任务和动作。同时，它们也需要实时反馈自身的状态信息和执行结果，以便主控单元进行监控和调整。

飞行管控平台可实现多巢多机调度模块，可根据正在作业的无人机及机场的情况进行实时智能调度，同时合理规划和利用资源，实现固定机场对固定机场点对点跳飞作业、固定机场到移动机场协同作业、移动机场移动作业等功能。这拓宽了无人机的作业半径和作业模式，摆脱了无人机必须与机场一一配对的束缚，可实现灵活配置巡检策略，大幅提升无人机巡检作业的效率。该技术主要包括以下几个方面。

① 多目标任务分配。将任务按照优先级和难易程度进行分配，并对每个无人机群集进行任务分配和优先级排序，最大化利用群集各自的特点，提高工作效率。

② 动态路径规划。对每架无人机进行路径规划，在考虑最短路径和任务要求的同时，实时调整路径，提高运行效率和准确性。

③ 状态监测和调度。通过实时监测无人机的位置、状况和工作状态，对无人机群集进行调度管理，防止出现任务出错和无人机故障等情况。

④ 数据集成和分析。通过大数据分析和机器学习技术，实时对无人机群集进行性能分析、人工干预和优化，从而提高无人机群集的整体性能和智能水平。

总之，无人机多机多巢的智能调度技术具有合理运用群体协作、提高作业效率和准确性、有效管理任务和路径规划的特点，用在电力巡检上将大大提高巡检效率。

9.5.3 6G 网络通信技术

6G 网络通信技术是指第六代移动通信技术，是 5G 蜂窝技术的后继者。其主要特点是高速、低延迟、高可靠性和大容量。目前的 6G 网络通信技术还在研究和探索之中，但是有一些预期和猜测。与 5G 相比，6G 网络通信技术可以提供更高的数据传输速度、更低的延迟、更大的覆盖范围和更多的设备连接数量。这对于无人机来说，意味着更高效的通信和更加智能的飞行控制。无人机使用 6G 网络通信技术有以下优势。

① 更高的速率。6G 网络的速度是 5G 的 100 倍以上，可以支持无人机实时传输大量数据，如高清视频、传感器数据等，使得无人机可以更加高效地完成任务。

② 更低的延迟。6G 网络的延迟极低，可以实现无人机与其他设备之间快速的信息传输和响应，提高无人机的控制精度和安全性。

③ 更大的容量。6G 网络具有极高的频谱利用率，支持更多的设备连接和数据传输，可以满足无人机在复杂环境中进行大规模通信的需求。

④ 更安全可靠。6G 网络具有高度可靠性和安全性，可以保证无人机通信的稳定性和数据的隐私性，特别是在重要领域如医疗救援、电网信息等。

⑤ 更广泛的应用范围。6G 网络将实现万物互联，无人机可以与各种设备进行无缝连接，如智能手机、车辆等，实现更广泛的应用场景。

总之，无人机使用 6G 网络通信技术可以获得更高的通信效率和安全性，同时可以实现更广泛的应用场景。总体来说，无人机应用 6G 网络通信技术是未来的趋势之一，但是目前还需要继续等待技术的发展和推广。

9.5.4　无人机新型交互技术

无人机交互技术是指用户通过控制器、声音、手势等手段，与无人机进行交互和命令的操作技术。

目前，无人机交互技术主要是以遥控器控制为主要手段，这是最传统的无人机交互方式，通过遥控器对无人机进行飞行控制、指令下达等操作。

1. 声音控制

通过语音识别技术，用户可以通过语音对无人机进行控制和命令。该技术就如目前常用的如车载娱乐、智能家居、智能客服等智能语音功能一样，通过系统接收语音信号进行处理分析，来识别用户意图继而做出相应操作。但该技术应用在无人机的弊端就在于，无人机一旦远离声源，就无法接收指令，而且会被别的声源干扰。

2. 手势控制

这是一种比较新颖的无人机交互方式，通过手势识别技术，让用户可以通过手势对无人机进行控制。它的技术原理主要基于计算机视觉技术、深度学习算法、手势识别技术与无线通信技术。无人机上的摄像头捕捉到使用者的手势，包括手势的形状、位置、方向等信息；然后通过图像处理技术对这些信息进行处理和解析；再利用深度学习算法对捕捉到的手势进行识别和分类，将不同的手势转化为具体的指令，通过无线信号进行通信；最后控制无人机运动。

3. 脑机接口

这是一种比较前沿的无人机交互方式，通过脑机接口技术，用户可以通过思考直接对无人机进行控制。无人机脑机接口交互的原理主要是通过脑电信号或其他脑部活动信号的采集和处理来实现人与无人机的智能交互。脑电信号是一种由大脑产生并可以被人脑捕捉的微弱电信号，它可以反映人的认知、情感和意图等信息。在无人机脑机接口交互中，通过放置在头皮上的电极或无线设备，可以采集用户的脑电信号，并将这些信号进行处理和解析。

处理和解析脑电信号的过程包括对信号进行滤波、放大、去噪等操作，提取出能够表征用户意图的特征信息，并将其转化为控制指令。这些指令再通过无线传输方式发送到无人机的控制系统，实现对无人机的控制和操作。例如，用户可以通过思考来控制无人机的飞行方向、高度、速度等参数，或者通过思考来调整无人机的拍摄角度、焦距等参数。这种交互方式可以提高无人机的智能化水平，在配电网领域提供更加智能、便捷的交互方式和解决方案。

未来，随着科技的不断进步，无人机交互技术也将继续发展和完善，为用户提供更加便捷、自然、高效的交互体验。

附录　配电线路无人机作业现场勘察记录单

<table>
<tr><td>勘察单位：×××× 供电公司</td><td>编号：</td></tr>
<tr><td>勘察负责人：××××</td><td>勘察人员：××××、××××</td></tr>
<tr><td colspan="2">勘察的线路双重名称及起止杆塔号：　（10KV 试验线，杆塔 2#—3#）</td></tr>
<tr><td colspan="2">勘察地点或地段：　（10KV 试验线，2#—3# 及起降点）</td></tr>
<tr><td colspan="2">勘察内容：（对 10KV 试验线 2#—3# 进行无人机线路通道巡检、无人机线路设备精细巡检、无人机线路带电检测。主要巡视或检测设备为：××××、××××）</td></tr>
<tr><td colspan="2">作业现场条件：车辆可到达起降区，起降区距离任务区 ×× 米左右，视线无阻隔，电磁和通信正常无干扰</td></tr>
<tr><td colspan="2">地形地貌以及巡检航线规划要求：地形开阔，巡检航线与周边建筑物距离不小于 10 米</td></tr>
<tr><td colspan="2">空中管制情况：在批复的空域内作业</td></tr>
<tr><td colspan="2">特殊区域分布情况：（无特殊区域；交跨公路、电力线路、林地、山区、河流、水库等）</td></tr>
<tr><td colspan="2">起降场地：（符合起降条件；起降场地需设围栏；其他情况）</td></tr>
<tr><td colspan="2">巡检航线示意图：（手工画示意图）</td></tr>
<tr><td colspan="2">应采取的安全措施：
①严格按照批复的空域进行航线规划；
②天气突然发生变化时（雷雨、大风），应采取措施控制无人机返航或就近降落；
③工作期间工作班成员不宜使用手机</td></tr>
<tr><td colspan="2">记录人：　　　勘察日期：　　年　月　日　时　分至　　年　月　日　时　分</td></tr>
</table>

参考资料

[1] 孙双春，张玲艳，杨涛，赵坤 . 智能识别技术在无人机电力巡检中的应用 [J]. 新型工业化，2020，10，(05)：87-88.

[2] 毛鹏飞，谢晓君，杨晓宇，林盟 . 智能识别技术在无人机电力巡检中的应用研究 [J]. 电力设备管理，2021，(05)：36-38.

[3] 跃飞智能无人机 . 无人机载紫外热像仪在电力巡检方面的应用 [EB/OL]. https://baijiahao.baidu.com/s?id=1728241108143787031&wfr=spider&for=pc，2022-03-25.

[4] 王剑，刘佷 . 电力行业无人机巡检作业人员培训考核规范 [M]. 北京：中国电力出版社，2020.

[5] 无人机 . 科普：从零了解无人机 [EB/OL].https://mp.weixin.qq.com/s/1ifLE3TYkeZw83vOMTDFbQ，2023-01-16.